개똥 치우기보다 쉬운
강아지 길들이기

모든 강아지는 주인을 닮는다

많은 사진 자료를 기꺼이 내어주시고 필요한 장면 촬영까지 도와주신
'뚜아모르' 이선민 팀장님에게 특별한 감사를 드립니다!

개똥 치우기보다 쉬운 강아지 길들이기

첫째판 1쇄 발행 2013년 4월 20일
첫째판 2쇄 인쇄 2013년 7월 1일
첫째판 2쇄 발행 2013년 7월 8일

지 은 이 임장춘, 박동우

발 행 인 이혜미
디자인 · 편집 IAMmedia

발행처 (주)영림미디어
주소 (121-838) 서울특별시 마포구 서교동 355-34 재강빌딩 4층
전화 (02) 6395-0045 / **팩스** (02) 6395-0046
등록 제2012-000356호(2012.11.1)

ISBN 978-89-969686-6-5
정가 15,000원

개똥 치우기보다 쉬운
강아지 길들이기

임장춘 · 박동우 지음

영림미디어

자신이 하고 있는 일에 대해서 책을 쓴다는 것은 지식의 정도를 떠나서 꽤나 용기가 필요한 일입니다. 자신을 적나라하게 드러내야 하는 일이고 타인들의 평가가 따르는 일이기 때문입니다. 여러가지 어려움을 무릅쓰고 강아지와 행복하게 살아갈 수 있는 방법을 일러주는 '개똥 치우기보다 쉬운 강아지 길들이기'를 펴낸 임장춘 소장에게 축하와 격려의 말을 전합니다.

오래전 스승의 입장으로 처음 임장춘 소장을 만났을 때는 다방면에 관심사가 있어 힘들고 고된 훈련분야에 오래 몸담을거라는 예상을 하지 않았습니다만, 훈련에 대한 응용력과 센스가 유난히 돋보이는 사람이었습니다. 강산이 두 번 변하고도 남는 시간이 흐르고 이제 그는 자타가 인정하는 훈련전문가로 우뚝 서있습니다,

이 책의 초고를 보면서 그가 우리가 알아채지 못하는 사이에 훈련에 대해서

만만치 않은 노력을 해왔음을 알았습니다. 기술이 익숙해지면 어느 때부터인가는 습관처럼 일을 처리하게 되고, 연구하고 탐구하는 노력이 줄어들게 됩니다. 그러나 저자는 훈련소를 운영하면서 접한 많은 경험을 토대로 하여 반려견 소유자에게 꼭 필요한 책을 엮었습니다.

'개똥 치우기보다 쉬운 강아지 길들이기'는 적절한 비유를 통해서 재미있고 쉽게 개를 이해할 수 있는 내용으로 가득합니다. 애견인구 1,000만 명, 관련산업은 2조 원대로 우리나라 반려동물 시장규모가 커져가고 있지만 증가하는 반려동물 수만큼 버려지는 숫자도 증가하고 있는 것이 현실입니다.

이 책을 통해서 우리들이 사랑하는 가족인 견공이 보내는 신호를 정확히 이해하여 서로 행복하게 살아가는 해결책을 찾고, 반려견 소유자들의 책임감이 더 높아지는 계기가 마련되기를 기대합니다.

2013. 3.

사단법인 한국애견협회

회장 신 귀 철

우리집 강아지와 행복하게 살아가기

사람과 동물은 아주 먼 옛날부터 어울려 살아왔습니다.

그중에서도 사람들과 특별한 유대감을 형성한 것이 개(dog)입니다.

처음 늑대새끼를 길들여 가축화하면서, 지역의 특성과 키우는 사람의 인위적인 노력의 결과로, 토끼보다 작은 치와와부터 사슴보다 큰 그레이트-덴까지 다양한 모습으로 나뉘어 발전하였습니다.

집 지키기, 짐 나르기, 사냥감 물어 오기, 전쟁터에서 같이 싸우기…

함께 일하고 함께 먹고 함께 놀고 함께 즐거워하고…

대를 이어가며 가족처럼 지내온 것이 고고학적으로 밝혀진 연대로도 일만 년이 훨씬 넘는다고 합니다.

우리 할아버지가 어릴 적에는 강아지 키우기가 아무런 일도 아니었을 것입니다. 집안의 많은 식구들 사이에서 먹다 남은 찬밥을 얻어먹기 위해서 그 옛날 바둑이와 누렁이는 눈치껏 처신하며 집안의 분위기에 적응하고, 하루 종일 풀어놓아도 동네 개들과 어울려 놀다가 때가 되면 밥 먹으러 집에 들어왔습니다.

우리나라에 제대로 된 애견 훈련학교가 생긴 것은 채 오십 년이 안 됩니다. 그러나 그 전에는 말썽을 피우는 강아지가 극히 드물었습니다. 오히려 요즈음 강아지들은 주인이 잘 대해줄수록 하룻강아지가 되어 사람 무서운 줄 모르고, 제가 대장노릇 하려고 시끄럽게 짖어대고 맘에 안 든다고 주인을 깨물기도 합니다.

무엇이 잘못된 것일까요…?
강아지를 모르기 때문입니다.

우리집 말썽꾸러기에게 주인대접을 받으려면 할머니, 할아버지에게 요령을 물어보세요! 오랜 세월 송아지, 병아리, 강아지를 다루어 오신 할머니 앞에서는 아무리 세련되고 콧대 높은 서양강아지도 꼬리를 치켜들지 못할 것입니다.

이 책에서는 삼십 년 동안 수천 마리의 강아지들과 동거동락하면서 터득한 노하우와, 강아지들의 습성을 학문적으로 탐구한 동물행동학자들의 '강아지 교육이론'을 결합하여, 우리집 말썽꾸러기를 착하고 얌전한 막내동생으로 돌려놓는 방법을 알려드리고자 합니다.

우리가 TV나 영화에서 보는 강아지들은 한결같이 착하고 영리하고 주인의 말을 척척 알아듣습니다. 그러나 현실에서는 오히려 반대이기 쉽습니다. 제멋대로 짖고 물어뜯고 똥, 오줌을 잘 가리다가도 심통나면 보란듯이 이불 위에다 싸놓기도 하고…

큰 맘 먹고 강아지를 입양한 초짜 맘이나 아빠들은, 강아지에게 잘하면 잘해 줄 수록 점점 더 괴팍해지는 악동에게 끌려다니다 어느 순간 왕자님이나 공주님의 시중으로 전락하게 됩니다.

정이 들어서 누구에게 주거나 다른 곳으로 보내지도 못하고, 나쁜 버릇이 굳어져서 막무가내인 강아지와 10~20년을 함께 살 생각을 하면 끔찍해지는 분들에게 저의 삼십 년 훈련경험이 작은 도움이 되기를 바랍니다…!

한 번 생긴 나쁜 버릇을 고치기는 처음 좋은 버릇을 가르치기보다 세 배, 네 배 더 힘들고 때로는 불가능하기도 합니다. 우리집 강아지가 아직 세상 때가 묻지 않은 미냥 귀엽고 착한 꼬맹이라면 이 책에 쓰인 내용들을 적용하기가 무척이나 쉽게 느껴지실 것입니다.

그리고 이미 쑤욱 커 버린 우리집 말썽꾸러기가 버겁게 느껴지신다면 마음을 다잡고 한 달만 강력하게 실천해 보시기를 부탁드립니다.

'우두머리의 리더십'을……

아무리 영악하고 날래더라도, 강아지의 IQ는 두 자리 숫자입니다.

'도대체 저 녀석 머릿속을 알 수가 없단 말이야…?'

하는 궁금증도 이 책을 다 읽고 나서 우리집 말썽꾸러기가 하는 행동을 가만히 지켜보노라면 "옳지! 네가 원하는 것이 이것이구나!" 하는 느낌을 받을 때가 있을 것입니다. 그것이 바로 이심전심(以心傳心)의 경지입니다. 비로소 우리집 강아지와 대화가 가능해지는 순간입니다.

그때부터는 불행 끝, 행복 시작입니다. ^^

2013년 3월

임 애견 훈련학교 교정에서

저자 임 장 춘

| 차례 |

: 첫 번째 :

강아지의 심리

: 두 번째 :

강아지의 행동특성

: 세 번째 :
아기 강아지를 위한 영재교육

: 네 번째 :
사춘기 강아지 길들이기

: 다섯 번째 :
기본예절교육

| 차례 |

일반적으로 '강아지'는 어린 개를 지칭하지만
'개'라는 호칭은 "개같은 놈!" 하고 욕할 때처럼
비하하는 이미지가 있습니다.

그에 반하여 '강아지'라는 호칭에는,
할머님들이 어린 손주를 "아이고, 내 강아지!" 하고 부르며
. 이뻐하듯이, 정감어린 이미지가 함축되어 있습니다.

초등학생, 중학생 정도의 수준에서 쉽게 반려견들을
길들이고 훈련하는 요령을 알려주는 것을 목적으로
만드는 책인 만큼, 이 책에서는 일반적인 개(犬,dog)의
호칭을 '강아지'로 통일해서 쓰고자 합니다…

첫 번째,

강아지의 심리

우리집 강아지를 장난감처럼 다루면 안되는 이유 중의 하나가

한 번 잘못 습관이 된 버릇은 고치기가 무척이나 어렵다는 것입니다.

사람처럼 말이 통하면 타일러서 고치겠는데, 주인의 잘못된 대응으로 강화된 습관을

그 주인이 바로잡는다는 것은 몇 배로 더 힘겨운 일입니다,

강아지에게도 주인에게도.

우리집 식구가 하나 늘었어요^^

강아지는 생명이다

어린아이 하나를 키우는 정성과 애정을 요구한다

매일 사랑과 손길을 달라고 보챈다

대나무처럼 쑥쑥 자란다

백일동안만 잘 가르치고 훈련하면

강아지의 존재는 집안의 웃음꽃이 된다

백일치성이란 말이 있습니다. 석달 열흘 동안 한 가지 일에 마음을 쏟고 정성을 들이면 바라는 바가 이루어진다는 믿음입니다. 어머님이나 할머님이 이른 새벽 정화수 길어서 뒤꼍에 놓고 두 손 모아 간절히 기도한 것은, 그 정성이 하늘을 움직여 좋은 기운이 집안을 보호한다는 믿음이 있었기 때문입니다. 그리고 행여 부정탈까봐 언행을 조심하시곤 하였습니다. 그런 경건한 마음은 다른 식구들이나 이웃에게도 알게모르게 전염되곤 하는 법입니다. 집 울타리 안에서 같이 먹고자는 동물들 중에서도 가장 눈치가 빠른 강아지도 그러한 사람들의 마음가짐을 읽어내곤 한 것 같습니다. 개나 고양이가 귀신을 본다는 옛말이 있지만, 진짜냐 가짜냐를 떠나서 그만큼 강아지들이 눈치가 빠른 것은 사실입니다.

전통사회에서는 당연히 강아지의 서열이 제일 낮았습니다. 집안에서 같이 먹고자는 병아리나 송아지 중에서도 주인이 자기보다 더 이뻐하는 놈이 있으면, 자기가 더 힘이 세더라도 병아리에게 힘자랑을 하지 않았습니다.

그런데 요즈음은 식구들이 단출합니다. 그래서 나들이 갈 때면 강아지도 당당히 한자리를 차지하고 앉아가는 것이 일반적인 가정의 모습입니다.

강아지는 집안 분위기에 적응하면서 차차 식구들의 서열을 매깁니다. 그리고 자신의 서열도 자리매김 합니다. 문제는 강아지가 제 분수를 망각하고 서열 매김을 거꾸로 하기가 일쑤라는 것입니다.

먹다 남은 찬밥도 아주 맛있게 먹고, 걸핏하면 부지깽이로 얻어맞으면서도 옛

나는 눈앞이 깜깜해요!

그러나,
이 세상에서 제일 위대한 엄마랑 함께 있었고,
이 세상에서 가장 멋진 주인님이랑 함께 할 거랍니다

개똥 치우기보다 쉬운
강아지 길들이기

날 강아지들은 착하고 얌전하였는데, 요즈음 강아지들은 왜 곧잘 주인에게 대들고 자기가 대장노릇을 하려고 나서는 걸까요?

무엇이 우리 강아지 엉덩이에 뿔이 나게 한 걸까요?

바로 우리 자신이 그렇게 만든 겁니다. 우리집 강아지가 못된 망아지가 되어 방방 뜨는 것은 우리가 강아지를 망아지로 대접하였기 때문입니다.

'우리 강아지는 천사 같은 아기라구요!' 하는 반론이 많겠지요.

그런데 정확히 강아지의 본성은 천사도 아니고 악마도 아닙니다.

그냥 백지상태입니다. 아득한 옛날부터 수백만 년 동안 이어져 온 야생늑대의 본능이 빙산의 바닷속 부분처럼, 보이지 않지만 거대하게 잠재하고 있습니다. 우리가 보고 느끼는 강아지의 특성은 빙산의 보이는 부분과 같습니다. 일만 년 동안 사람들과 함께 지내면서 사람들의 생활문화에 적응해 온 모습입니다.

다른 어떤 동물보다도 강아지는 사람들의 생활문화에 빠르고 훌륭하게 자신을 적응시켜 왔습니다. 즉, 고집불통 망아지 같은 우리집 강아지도 개과천선할 가능성이 아주 많다는 것입니다.

물론, 심각한 이야기지만, 잘못 길들여져서 사람을 공격하는 것이 습관이 되어버려 안락사 이외에는 대처할 방법이 없는 강아지들도 가끔은 나타납니다. 잊을만하면 사람을 문 강아지들이 신문이나 방송에 보도되는 것은 0.1%도 안되는

생후 3개월 된 나는
천사처럼 보일지도 모릅니다

그러나,
지금부터 3개월 후에는
악바서텀 보일시노 모릅니니

야생의 공격본능을 자극했기 때문입니다. 주인이나 이웃사람을 공격할 가능성이 어떤 강아지는 0.01%도 안 되지만, 어떤 강아지는 1%로 높아지기도 합니다.

그래서 우리집 강아지를 장난감처럼 다루면 안 되는 이유 중의 하나가 한 번 잘못 습관이 된 버릇은 고치기가 무척이나 어렵다는 것입니다. 사람처럼 말이 통하면 타일러서 고치겠는데, 주인의 잘못된 대응으로 강화된 습관을 그 주인이 바로잡는다는 것은 몇 배로 더 힘겨운 일입니다. 강아지에게도 주인에게도.

사람이 사람답게 살아가기 위해서는 교육을 받아야 합니다. 우리나라에서는 1950년대부터 초등학교 6년 과정이, 80년대 이후에는 중학교 3년 과정이 추가로 의무교육화되었습니다. 대한민국에서 사람답게 살기 위해서는 최소한 9년은 교육을 받아야 한다는 사회적인 규범입니다. 그러면, 한집안 식구가 된 강아지가 제대로 가족의 구성원으로서 지켜야 할 예의범절을 배우려면 얼마만큼의 시간이 필요할까요?

일단, 초등학교 과정의 기본 예의범절을 배우는 데는 백 일 정도면 충분하다고 봅니다. 이 책에서 다루고자 하는 부분이 바로 우리집 강아지의 초등교육 과정입니다. 강아지가 우리집 식구로서 함께 살아가기 위해서 최소한도로 알아야 하는 내용을 정리하였습니다. 영리한 강아지는 한 달도 안 되어 척~척~ 하겠지만, 강아지가 둔하거나 주인이 게으르거나 둘 중의 하나라면 일 년이 걸릴 수도

당신의 따뜻한 미소가 나는 좋습니다

개똥 치우기보다 쉬운
강아지 길들이기

나는 형제보다
당신과 함께 있고 싶습니다

있고, 혹여 둘 다라면 영영 불가능 할 수도 있답니다. 이때에는 애견 훈련학교에 강아지를 맡기시는 것이 차라리 시간절약되고, 마음도 편하실 듯합니다.

마당이 없는 아파트를 선호하는 요즈음, 강아지도 실내에서 키우기 편한 작은 덩치의 강아지를 선호하는 경향입니다. 주먹만한 강아지가 발뒷꿈치를 깨물면 기껏해야 양말에 구멍이 뚫리는 정도입니다. 그래서 강아지에게 뭔 교육이 필요해? 하고 막연히 생각하고 방치하기 쉽습니다.

하지만, 진돗개 정도의 중형견, 대형견을 키우기로 마음먹었다면 강아지의 예절교육은 결코 무시할 수 없는 주요한 사안입니다. 세 살 버릇 여든까지 간다고 하였습니다. 처음 입양하였을 때, 사람들과 어울려서 살아가기 위해서 강아지로서 지켜야 할 기본 예절을 가르쳐서 좋은 습관을 들여놓으면 십 년, 이십 년 동안 의젓하고 믿음직한 가족구성원으로서 잘 지낼 수 있습니다.

그러나 행여 나쁜 버릇이 몸에 배어버려 심하게 짖거나, 사람을 물거나, 대소변을 못 가리거나 하면 불안하고 불편하고, 결국에 가서는 남을 주거나 몰래 내버리게 되거나 안락사를 시키게 됩니다. 현행 법규정으로 의무사항이 아니라 하더라도 강아지의 예절 교육, 기본 복종 훈련은 우리집 강아지와 우리집 그리고 이웃들의 편안한 생활을 위하여 꼭 필요한 것입니다.

우리는 한가족입니다
아직 거울을 본 적이 없는 나는
당연히 내가 사람이라고 생각합니다

우리는 엄마 아빠가 다릅니다

그리가 우리는 한식구입니다
당신과 함께…

강아지는 계급을 좋아한다!

강아지는 동물이다

백지상태로 태어나지만

무리지어 사냥하고 생활하던 '늑대의 본능'이

인간의 '자유의지'처럼 강하다

사람은 서로 평등하다고 느낄 때 행복하지만,

강아지는 자신에게 맞는 계급을 부여받았을 때

심리적으로 안정감을 느낀다

내가 형이야!

쉿! 내가 먼저 태어났거든

이래도 까불래?

강아지와 사람의 가장 큰 심리적 차이점을 알면 우리집 강아지의 여러 가지 행동들은 조금 더 쉽게 이해하게 됩니다. 강아지의 본성 중에서 인간과 가장 다른 점은 계급의식을 타고 난다는 것입니다. 홀로 있을 때보다 동료와 함께 있을 때 안정감을 느끼고, 무리를 이룬 다음에는 리더의 지시에 순응하면서 조직생활에 쉽게 적응합니다.

고양이와 강아지의 가장 큰 차이점이 바로 이 조직개념입니다.

고양이는 독립된 생활을 좋아합니다. 어린 고양이도 어미젖을 뗀 다음에는 홀로 잘 놉니다. 하지만 강아지는 어미에게서 조직생활의 규칙을 배우기도 하지만, 천성적으로 홀로 있기보다는 무리 짓고, 그 무리와 어울려서 움직이는 것을 좋아합니다. 강아지들이 주인에게 충실한 가장 큰 이유가 바로 무리에 대한 소속감을 강하게 타고 나기 때문일 것입니다.

늑대새끼는 형제들과 어미에게서 조직생활의 규칙들을 배우고, 차츰 성장함에 따라 사냥에도 동참하면서 어른 늑대가 되지만, 오랜 세월 주인이 주는 먹이를 받아먹으면서 사냥의 본능이 묻혀버린 강아지들은 성견이 되어서도 어린 강아지의 심리상태를 유지합니다. 늙어 죽을 때까지 주인에게 어리광을 부리는 모습은 다른 동물에게서는 찾아 볼 수 없는 강아지들만의 특성입니다.

즉, 강아지들은 15년, 20년을 살아도 자신이 무리의 리더가 되는 것이 아니라 주인에게 지시받고 복종하며 어리광 피우는 것을 더 좋아합니다. 수천 년 동안 인류와 관계 맺으면서 고착된 성격과 생활태도입니다.

전통사회에서는 가족관계가 튼튼했기에 강아지들이 무리의 막내로서 자리 잡고 생활하는데 아무런 문제가 없었습니다. 그리고 대가족 속에서, 어울려 노는 동네 개들 속에서 자신의 지위와 역할을 배우고 적응하여 늙어 죽을 때까지 순종적인 모습을 유지하기가 쉬웠습니다. 그런데 핵가족화 된 현대에 와서 강아지들은 무리의 질서에 혼란을 느낄 때가 많아졌습니다. 무리 속에서 누가 리더인지 불분명해 보이는 것이죠. 무리의 리더가 보이지 않는 것입니다. 그러면 강아지는 불안해 집니다. 그리고 마침내는 리더의 빈자리를 스스로 차지하려는 늑대의 옛 본능이 살아나는 것입니다. 바로 이것이 오늘날 많은 강아지들과 주인들이 처한 가장 큰 문제점의 시작입니다.

나는 이 세상이 참 재미있고
신나고
행복할 것 같아요!!

개똥 치우기보다 쉬운
강아지 길들이기

이솝 우화에, 뱀 대가리만 따라다니던 뱀 꼬리가 어느 날 불평을 늘어놓으며 반항을 합니다. "왜, 맨날 네가 앞장서고 나는 따라다니기만 해야 해? 이제부터는 내가 앞장서겠다!" 막무가내로 고집을 부려서 결국 뱀 꼬리가 앞장을 서고, 뱀 대가리가 따라가기로 합니다. 그래서 뱀은 가시덤불로 기어들어가기도 하고 낭떠러지로 떨어지기도 하다가 결국에는 불덩이 속으로 기어들어가서 타죽고 말았다는 이야기가 있습니다. 조금 심한 비유이기는 하지만, 주인이 무리의 리더 역할을 제대로 하지 않아서 강아지가 스스로 리더처럼 행동하는 모습들을 요즘은 심심치 않게 보게 됩니다.

바로 이러한 뒤바뀐 역할 때문에 강아지도 불행하고 주인도 피곤해지는 것입니다. 그러다가 심한 경우에는 유기견이 되거나 안락사하게 되는 것이지요.

의무교육 9년을 받아도 따라가기 힘겨운, 복잡한 인간 중심의 사회생활에서 강아지가 리더가 되어서 평온한 가정의 분위기가 유지될 수 있겠습니까? 해외토픽에 수백억 원의 주인 재산을 물려받은 강아지나 고양이 이야기도 가끔 등장하지만, 그 재산을 사람이 관리해 주지 않는다면 그 부자 강아지는 굶어죽기 쉬운 것이 현실입니다.

강아지가 무리의 리더가 되겠다는 엉뚱한 생각 자체를 품지 못하도록 하는 것이 바로 올바른 강아지의 예절교육이자 복종훈련입니다. 그러기 위해서는 주인

개똥 치우기보다 쉬운
강아지 길들이기

비록 내 다리가 좀 짧지만
아무 것도 나를 막지는 못한답니다…

사람들은 나를 '악마견'이라고 하네요
'지랄견'이라고 불러주는 이웃도 있어요
왜 나는 이름이 셋이죠?
우리집 식구들은 "이쁜이"라고 하는데!

개똥 치우기보다 쉬운
강아지 길들이기

이 무리의 리더로서 올바른 태도를 강아지에게 보여주고, 유지해야 합니다. 강아지는 사람과 평등하게 대접받는다고 행복해하지 않습니다. 무리의 구성원으로서 리더의 보살핌과 관심과 사랑을 받을 때, 강아지는 편안하고 행복한 심리상태를 유지할 수 있습니다.

'어떻게 무리의 안전을 지키고 먹이를 구할 것인가?'
하는 복잡한 숙제를 어린 강아지에게 맡기지 마시기를…

두 번째,

강아지의 행동특성

사람의 문법으로 복잡하게 이야기하는 것보다 간단한 몸짓,
한마디의 짧은 말이 강아지에게 의사전달을 하는 올바른 방법입니다.

우리집 강아지가 '기본예절 교육'을 제대로 마치면
이웃집에서도 칭찬받는 모범생이 될 것입니다.

강아지도 배워야 한다

유전학적으로 강아지는 늑대와 가장 가깝다고 한다.

실제로 늑대와 교배하여 새끼를 낳을 수 있을 뿐만 아니라

그렇게 태어난 강아지도 번식력이 있다고…

그러나 일만 년 이상 다른 환경에서 살아와서

늑대와 강아지의 의식세계는 상당히 다르지만,

사람과 강아지보다는 늑대와 강아지가

더 닮은 점이 많다.

강아지들의 언어는 몸짓언어입니다. 늑대들이 "우-, 우우-" 하는 하울링으로 의사전달을 하고, 강아지들도 "왈왈왈-", "끼잉-낑", "깨갱-깨갱!", "으르르…" 하는 몇 가지 소리로 배가 고프다든지, 심심하다든지, 무섭다든지, 화났다든지 등등의 의사표시를 하지만, 사람처럼 말로서 모든 것을 표현하지는 못합니다. 오히려 늑대는 군집생활을 하면서 몸짓으로 리더와 추종자, 어미와 새끼, 암컷과 수컷간의 다양한 의사를 전달하고, 입으로 내는 소리는 몸짓언어의 일부분이라고 해석하는 것이 타당할 것입니다.

강아지와 고양이가 만나면 친화가 어려운 이유가 서로간의 몸짓 언어가 다른 것도 하나의 요인으로 작용하는 것 같습니다. 예를 들어, 꼬리를 들고 흔들면 강

사람들은 작심삼일이라던데…
나는 왜 작심삼초일까…

아지는 '반갑다'는 의미인데, 고양이는 '경계한다'는 심리상태를 나타냅니다. 강아지는 고양이가 자기를 반기는 줄 알고 접근하면, 고양이는 악수하자고 손을 내미는 척하다가 강아지의 뺨을 갈기는 식으로 반응하는 것입니다.

몸짓 언어는 본능적으로 타고나기도 하지만, 어려서 어미의 젖을 빨면서 어미와 형제들에게서 배웁니다. 그래서 너무 어려서 어미개로부터 분리된 강아지는 다른 강아지들과 어울리는 사회성이 부족하기 쉽습니다.

늑대들은 어미가 아니더라도 다른 어른늑대로부터 몸짓언어와 무리의 규칙을 배우겠지만, 사람가족의 일원이 된 어린 강아지는 어미에게서 배운 몸짓언어로 다른 강아지들을 대하고, 주인에게서 배운 몸짓언어(교육)로 사람들과 어울리게 됩니다. 우리집 강아지에게 '기본예절 교육'이 필요한 이유가 여기에 있습니다.

우리집 강아지의 몸짓이 무엇을 말하는지 가만히 관찰해보고, 그리고 기본적이고 간단한 강아지들의 몸동작을 흉내 내보면 강아지도 사람의 의도를 훨씬 쉽게 이해합니다. 사람의 문법으로 복잡하게 이야기하는 것보다 간단한 몸짓, 한마디의 짧은 말이 강아지에게 의사전달을 하는 올바른 방법입니다.

사람아기가 사람사회의 규칙과 규범을 배워서 이웃사람들과 마찰 없이 살아기는데 몇 년의 시간이 소요되는지 생각해 본다면, 우리집 강아지가 불과 몇 달만에 사람말을 척척 알아듣고, 대소변을 척~척~ 가린다는 것은 사실 경이로운

개똥 치우기보다 쉬운
강아지 길들이기

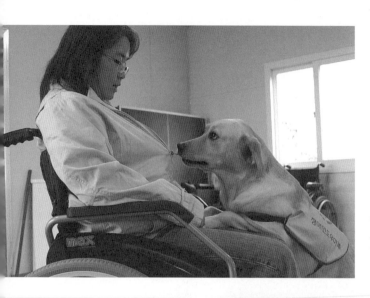

당신이 원하는 것은
무엇이나 하겠습니다
나는 당신을 사랑하니까요

66
사람들은 돈을 좋아하지만
나는 당신을 좋아합니다
99

오늘은 무엇을 가르쳐 주실 건가요?

개똥 치우기보다 쉬운
강아지 길들이기

일입니다. 적어도 한 살까지는 사람아기보다 강아지가 더 영리하고 교육속도도 빠릅니다.

사람이든 강아지든 태어날 때는 백지상태와 같습니다. 하루하루 살아 가면서 이런저런 생존의 기술들을 배우고 익히는 것이지요. 어미개와 떨어져서 우리집 막내가 된 강아지는 누구에게 배우겠습니까? 강아지학교에 가서 배우지 않는다 면 주인이외는 아무도 가르쳐주지 못합니다. 주인이 강아지의 기본예절을 가르 쳐주지 않는다면 우리집 강아지는 무식하고 못 배운 강아지가 될 수밖에 없습니 다. 한글을 못 읽는 사람이 우리나라에서 살아가기 불편한 것처럼 '강아지의 기 본예절을 못 배운 우리집 강아지'는 스스로도 힘들고, 옆에 있는 주인도 힘들게 하고, 마주치는 이웃들도 불편하게 하기 쉬운 것입니다. **전혀 본의 아니게!**

공원에서 주인 옆을 얌전히 따라 걷고, 쉴 때도 주인이랑 편하게 대화하듯이 말을 척척 듣는 강아지를 보거나, 번잡한 시내에서 얌전하고 차분하게 주인을 리더하는 안내견을 보면서 '저 강아지는 천재야!' 하고 느끼시겠지만, 타고나서 그렇게 사람말을 잘 알아듣는 것이 아니라 그만큼 교육을 잘 받은 것입니다.

우리집 강아지도 저랬으면 좋겠다고 생각만 하는데 그치지 말고 하루에 10분 씩 강아지의 선생님이 되어보십시오. 강아지에게 최소한의 '예절교육'은 사치가 아니라, 그 자신과 주인의 편안하고 행복한 반려를 위해서 꼭 필요한 **'의무교육'** 입니다.

강아지와 인사하는 방법

강아지는 인형이 아니다

크면서 저마다의 개성이 강화되는데

함부로 만지면 화를 내는 놈들도 많다

그럼 어떻게 강아지랑 친해질 수 있을까?

낯선 사람이나 동물이 나타나면 대부분의 강아지들은 경계심을 가지고 긴장하게 됩니다. 잡아먹지 않으면 잡아먹히는 야생의 세계에서 수백만 년 동안 진화하면서 유전자에 깊이 각인된 본능입니다. 사람도 깊은 숲속에서 바스락거리는 소리에 등골이 오싹하는 느낌이 드는 것은 아마 같은 본능의 반응이겠죠!

선천적으로 사교성이 풍부하고 사회화가 잘 된 강아지가 아니라면, 낯선 존재가 자기를 공격할지도 모른다는 방어본능에서 이빨을 드러내고 으르렁거리면서 다가오지 말라고 경고하거나, 물려고 덤벼들 수도 있습니다. 야생의 늑대에게 낯선 존재가 자신에게 다가온다는 것은 곧 자신의 목숨이 위태롭다는 것을 의미하는 것이지요.

주인에게는 재롱을 떠는 귀여운 강아지도 낯선 사람에게 야생의 늑대와 똑같은 반응을 보이는 것은 오히려 당연한 행동인 것입니다. 사람의 기준으로 "짖지마!" 하고 꾸짖어보았자 목숨의 위협을 느끼는 강아지를 제어하기는 쉽지 않습니다.

이러한 강아지의 심리상태를 이해한다면, 친화가 되지 않은 낯선 강아지와 눈을 마주치면서 정면으로 접근하는 것은 사람은 이뻐서 쓰다듬어 주려고 하는 행동이지만, 그 강아지에게는 협박하고 공격하는 의미로 받아들여집니다.

그럼 어떻게 접근해야 하는가?

당신의 손길은
우리 엄마의 헛바다처럼 따뜻합니다

| 강아지가 먼저 와서 냄새를 맡을 수 있도록 해준다

처음 만났을 때 강아지에게 냄새 맡을 시간여유를 조금 주는 것이 좋습니다. 강아지를 쳐다보지도 말고 말을 걸지도 말고 가만히 있으면 강아지가 다른 강아지를 처음 만나서 하듯이, 조심스럽게 접근해서 다리나 손이 냄새를 맡습니다 강아지가 위협적이지 않다면 가만히 주먹을 내밀어 냄새를 맡게 해 주는 것이 좋습니다.

처음 만난 강아지를 똑바로 쳐다보거나, 뭐라고 말을 걸거나, 정면으로 다가가 거나 하면 강아지는 자기를 공격한다고 생각하고 짖어대기 쉽습니다. 그럴 때는 눈을 돌려 강아지와 눈을 마주치지 말고, 접근하지 말고, 딴청을 피우듯이 가만히 있는 것이 좋습니다. 그러면 대개 강아지가 먼저 조심스럽게 다가와서 냄새를 맡 습니다.

어느 정도 기다려도 강아지가 접근을 하지 않는 것은 경계를 풀지 않은 것입 니다. 그런 강아지에게는 조금 더 시간이 필요합니다. 접근하지 말고 어느 정도 거리를 두고, 마치 강아지가 없다는 듯이 무심하게 행동하면서, 강아지가 지켜 보면서 마음을 진정시킬 수 있는 여유를 줍니다. 이럴 때는 강아지가 예측할 수 있도록 느긋하고 천천히 행동하는 것이 좋습니다. 강아지는 자기를 공격하지 않 겠다는 판단이 생기면 차츰 경계를 풀게 됩니다.

| 맛있는 간식과 스킨십으로 친화

사람을 경계하지 않는, 아주 사회성이 풍부한 강아지가 아니라면 처음에는 스

내가 당신을 안다는 것은
당신을 믿고 따른다는 것입니다

킨십을 자제하는 것이 좋습니다. 쓰다듬기보다는 강아지가 좋아하는 간식을 조금씩 주면서 친화를 먼저 하는 것이 강아지의 경계심을 푸는데 도움이 됩니다.

처음 간식을 줄 때는, 손바닥으로 바로 주기보다는 강아지 눈앞 적당한 거리에 가만히 놓아줍니다. 강아지가 도망간다면, 강아지가 쳐다볼 때 내가 선 자리에 간식을 흘려두고 슬쩍 자리를 피해 줍니다. 몇 번 그러다보면 강아지가 경계심을 풀고 점점 접근하게 됩니다.

어느 정도 강아지랑 친화가 되었을 때 손바닥으로 간식을 줍니다. 손바닥의 간식을 받아먹을 정도가 되면 쓰다듬어 주어도 거부반응을 하지 않게 됩니다. 처음에는 머리를 쓰다듬어 주는 것보다 가슴이나 엉덩이를 가볍게 쓰다듬어 주는 것이 좋습니다.

| 초면에 쉽게 친해지려면

강아지가 아직 어리거나, 사회화 교육이 잘 되어 있어서 낯을 별로 가리지 않는다면, 처음부터 스킨십을 하면서 쉽게 친화를 할 수도 있습니다.

눈을 마주보며 정면으로 다가서지 말고, 비스듬히 옆으로 접근하여 주먹을 가만히 강아지 머리맡에 내밀어 줍니다. 강아지가 주먹의 냄새를 충분히 맡은 다음, 가만히 손을 펴서 손바닥으로 천천히 가슴을 부드럽게 쓰다듬어 줍니다.

강아지들끼리 인사하기

무례한 사람이 따돌림 당하듯

무례한 강아지도 왕따 당한다

사람들이 복잡한 세상에서 서로 어울려 살아갈 수 있는 것은 법과 관습이 있기 때문입니다. 늑대무리도 나름의 규율을 만들어 지키기에 조직생활이 가능한 것입니다. 늑대끼리도 서로 지켜야 할 예의가 있는 것입니다. 사람사회의 범법자가 감옥에 갇히는 형벌을 받는다면 늑대무리의 범법자는 무리에서 추방당하는 벌을 받습니다. 우리집 강아지가 사람사회의 규칙을 어기면 '버릇없는 강아지'라고 욕을 먹듯이, 강아지족의 규율을 지키지 않는다면 다른 강아지들에게서 "버릇없는 놈" 소리를 듣게 되는 것입니다.

동물행동학자들이 관찰한 바에 의하면 강아지끼리 서로를 진정시키기 위해서 하는 몸짓 언어들이 있다고 합니다. Calming signal(카밍 시그널)이라는 강아지들의 의사소통 기법 몇 가지를 소개합니다. 우리집 강아지와 몸으로 대화를 시도해 보시면, 강아지들의 심리와 행동을 이해하는데 도움이 될 것입니다.

| 가만히 선 자세로 얼굴을 돌려 외면한다

다른 강아지나 사람이 다가올 때, 그 속도가 너무 빠르거나 정면에서 직선으로 다가올 경우에 볼 수 있는 행동. 정면에서 시선을 받는 것을 위협받는다고 느낀 강아지가 불안하다는 것을 표현하는 행동입니다. (적대감이 없다는 의사표시이기도 합니다)

안녕! 얘들아
나는 친구가 필요해

개똥 치우기보다 쉬운
강아지 길들이기

| 바닥이나 땅의 냄새를 맡는다

다른 강아지나 사람이 다가와 불안감을 느낄 때, 주인이 강아지를 강한 어조로 꾸짖을 때에도 보이는 행동입니다. (주인이 꾸짖거나, 낯선 존재가 부담스러울 때 부리는 딴청)

| 목욕하고 난 뒤처럼 몸을 털어댄다

자신을 향해 가까이 다가오는 사람이나 강아지에 대해서 불편함을 느낄 때, 물에 젖은 것도 아닌데 몸을 털면서 흔드는 행동을 합니다. 자신이 느끼는 불안이나 긴장을 스스로 진정시키려고 하는 몸짓언어입니다. (무서워하는 다른 강아지에게 자신이 적의가 없음을 나타내는 신호이기도 합니다)

| 자신의 코를 핥는다

낯선 사람이 자기를 끌어안거나, 수의사가 몸을 만졌을 때, 주인이 꾸짖을 때, 먼 곳에서 접근해오는 낯선 강아지를 발견했을 때 등 순간적으로 긴장했을 때 나타나는 행동입니다. (불안을 느끼는 자신을 스스로 진정시키려는 몸짓언어)

너 꼬리 보니까 기분이 좋구나
나도 그래, 친구 하자꾸나

| 동작을 멈추거나, 천천히 한다

다른 개를 발견했을 때, 상대를 자극시키지 않으려는 몸짓입니다. (주인이 화가 났을 때 '그렇게 흥분하지 마세요' 하는 의미로 천천히 반응하는 경우도 있습니다)

| 앞발을 내밀고 머리를 숙인 채 엉덩이를 드는, 절하는 자세

기지개를 켜듯이 앞발을 모아서 쭈욱 내밀고 머리를 낮게 숙여 절하는 듯한 태도로 가만히 움직이지 않으면, 상대를 진정시키려는 의사표현. 신경질적인 강아지나 말, 소 등 자신보다 몸집이 큰 동물을 만났을 때 볼 수 있는 행동입니다. (절하는 자세에서 몸통이나 꼬리를 흔드는 것은 놀이를 하자고 조르는 몸짓언어)

| 가만히 앉는다

다른 강아지가 갑자기 다가올 때 적의가 없음을 나타내기 몸짓. 주인이 흥분했을 때 '진정하세요' 하는 의미로 앉기도 합니다.

강아지가 안절부절 못하고 있을 때, 주인이 먼저 앉으면 차츰 안정을 찾게 됩니다. 강아지가 낯선 손님에게 불안을 느낄 때에도 손님과 주인이 동시에 앉는 것으로 강아지의 불안감을 줄여 줄 수 있습니다.

개똥 치우기보다 쉬운
강아지 길들이기

저는 지금 친구에게 절을 하는 것이 아니랍니다
같이 놀자고 조르고 있는 것이지요
힘차게 펄럭이는 제 꼬리 보이시죠!

| 다른 강아지를 만나면 비스듬히 돌아간다

낯선 강아지와 조우했을 때, 두 강아지가 거리를 두고 빙 돌아 지나가는 것은 상대에게 적의가 없음을 나타내면서, 만일의 경우 도망 갈 수 있는 안전거리를 확보하기 위한 것입니다. 돌아갈 수 없는 좁은 길에서 낯선 강아지와 마주쳤다면, 주인이 강아지와 강아지 사이로 지나가면서 우리 강아지의 시선을 바깥 쪽으로 유도합니다.

| 하품을 한다

난처한 상황에 처했을 때, 강아지는 하품을 하면서 자신과 상대를 진정시킵니다. 주인 가족이 싸우거나, 강아지에게 무엇을 잘못했다고 혼을 낼 때 몇 번이고 하품을 반복하는 경우도 있습니다. 낯선 강아지를 만났을 때, 상대방이 긴장하는 것 같으면, '나는 자네에게 관심 없네' 하는 의미로 하품을 하기도 합니다.

동물병원 등의 익숙하지 않은 장소에서 강아지가 긴장하고 있다면, 눈을 마주치지 않은 상태에서 크게 하품을 하면 강아지의 긴장도 완화됩니다. 흥분해 있는 경우에도 하품하는 동작을 보여주면서 '진정해' 하는 메시지를 전달할 수 있습니다.

힘이 세니까, 내가 형이야

아냐, 내가 먼저 태어났거든

| 사이로 끼어든다

강아지가 보기에 사람들끼리, 강아지들끼리 가까이 접근하여 긴장관계가 높아질 위험성이 있어 보이는 경우, 강아지가 그 사이로 끼어들어 긴장을 완화하려고 시도하기도 합니다. 소파에 앉아있는 주인가족 사이로 끼어드는 것은 놀아달라는 표현일수도 있지만, 긴장을 해소시켜주고자 하는 강아지의 가상한 노력일 수도 있습니다.

| 몸을 돌린다

다른 강아지가 으르렁거리거나, 주인에게 혼날 때 보여지는 행동. 계속 놀자고 조르는 강아지를 거부하면서 어미가 하는 몸짓이기도 합니다. 놀자고 보채고 달려드는 강아지에게 등을 돌려 외면하는 모습을 보여줌으로서 거부의사가 전달됩니다. 이럴 때는 아무 말도 하지 않는 등 강아지에게 냉정하게 보이는 것이 좋습니다. "이러지 마-", "저리가-" 등의 말을 자꾸 하면, 강아지는 자신의 요구에 대한 호응으로 오해하고 "yes-!"로 받아들입니다.

처음 보는 강아지가 경계를 하거나 짖는다면, 몸을 돌려 등을 보임으로서 공격의사가 없다는 것을 전달할 수 있습니다. 위축된 모습을 보이면 강아지는 그 느낌을 빌고 끼기 날이나서 더욱 맹렬하게 짖고 공격적으로 되기도 합니다. 그러나 차분하고 느긋하게 강아지를 대한다면 강아지도 그 느낌을 받아들여서 느

애들아, 나를 친구로 받아주렴

개똥 차우-기보다 쉬운
강아지 길들이기

자, 나를 따르라
아니야, 내가 앞장설래
얘들아, 어디 가니
나도 같이 끼워 줘

굿해지고 경계심을 풀게 됩니다. 강아지는 아주 사소한 몸짓신호도 예민하게 받아들입니다. 낯선 강아지를 보고 겁을 먹거나 움츠리지 않고 모르는 사람을 대하듯이 담담하게 대하면 그 강아지도 무덤덤하게 반응할 것입니다!

| 엎드린다

서열이 높은 강아지가 자신을 무서워하는 서열이 낮은 개를 진정시킬 때 하는 행동입니다. 새끼들이 귀찮게 장난을 계속 걸 때 어미가 장난을 거부하면서 보여주는 몸짓이지요.

계속 놀자고 보채는 강아지에게, 길게 드러눕는 모습을 보여주면 '나는 피곤해', '진정해'라는 의미가 전달됩니다.

| 강아지들끼리 인사하는 방법

모르는 사람들끼리 처음 만나 악수를 하고 통성명을 하듯이, 처음 만난 강아지들은 냄새로 상대방을 파악합니다. 강아지들의 에티켓은 눈을 마주치지 않고 정면으로 접근하지 않는 것입니다. 비스듬히 상대방의 엉덩이 쪽으로 접근하여 항문선과 생식기의 냄새로 상대가 암컷인지 수컷인지 자신보다 강한 존재인지, 자신에게 적대적인지 등의 정보를 얻습니다. 상대가 이성이면 좀 더 호기심을 가지고, 동성이면 경계심을 표시하기도 합니다.

무리에서 리더는 똑바로 눈을 쳐다보지만 서열이 낮은 강아지는 리더와 눈을 마주치지 못합니다. 눈을 마주 본다는 것은 도전하겠다, 공격하겠다는 의미를 내포하고 있기에 처음 만나는 성견들끼리 눈을 마주친다면 싸움이 일어날 수도 있습니다.

산책을 하다가 낯선 강아지를 만났는데, 서로 얼굴을 마주보면서 머리쪽으로 접근한다면 자칫 싸움이 날 수도 있습니다. 대개의 강아지들은 잠깐의 기싸움으로 서열을 정하고 물러서지만, 품종과 사회화 정도에 따라서 공격적이고, 한번 물면 뜯어말려도 놓지 않는 녀석들도 있습니다. 싸움에 몰입하여 흥분한 상태에서는 말리는 사람이 주인이더라도 무는 경우도 생기니 싸울 것 같으면 목줄을 당겨 차단해야 합니다.

낯선 강아지가 짖거나 으르릉거릴 때

우리집 강아지가 짖는 소리는 그다지 시끄럽지 않다

그러나 남들이 들었을 때는 시끄러운 소음이다

우리집 강아지를 이해하고 잘 지내다보면

이웃집 강아지를 대하는 방법도 알게 된다

오랜만에 방문한 친구집에서 친구가 애지중지하는 강아지가 시끄럽게 짖으면서 텃세를 부리거나, 길을 가다가 마주친 낯선 강아지가 맹렬하게 짖으며 적대감을 보일 때가 있습니다. 강아지를 많이 다루어 본 사람은 별 일 아니라고 대범하게 대하겠지만, 강아지를 키워보지 않았거나 무서워하는 사람이라면 크게 당황하게 마련이고 불쾌한 경험으로 오래도록 간직할 수도 있습니다. 이럴 경우 어떻게 대처하는 것이 가장 현명할까요?

| 강아지는 강아지일 뿐이다

강아지는 강아지일 뿐입니다. 야생의 늑대가 아닙니다. 수천 년 동안 사람의 손길 안에서 보호받고, 먹이를 얻어먹고, 같이 일하고 놀면서 순화된 동물입니다. 그러면서 사람을 적대시하는 강아지들은 진화과정에서 씨가 말랐다고 하는 표현이 정확할 것입니다. 강아지란 존재는 본능적으로 사람에게 우호적인 존재입니다. 길 가다가 강도나 도둑을 만날 확률보다 낯선 강아지에게 물릴 확률이 더 적습니다. 덩치가 크든, 얼굴이 사납게 생겼든, 강아지는 순박한 이웃집 아이와 같은 존재입니다. 두려워하거나 무서워하지 않는 것이 좋습니다. 내가 겁을 먹거나 경계하는 것을 몸짓언어에 예민한 강아지는 금방 읽어냅니다. 내가 경계하는 만큼 강아지도 나를 경계하게 됩니다. 이웃집 악동이 시끄럽게 떠든다고 같이 떠들고 싸울 건가요?

나는 지금 몹시 기분이 언짢습니다
나를 건드리지 마세요

개똥 치우기보다 쉬운
강아지 길들이기

| 그냥 가만히 있으면 된다

강아지들이 접근하는 것은 단지 냄새를 맡아보기 위해서입니다. 사람은 눈으로 보고 사물을 판단하지만, 강아지들은 시각보다 발달된 후각으로 탐색하고 판단합니다. 코가 주된 감각 기관이고 눈은 보조적인 기관입니다. 강아지가 접근하는 것은 물려고 하는 행동이라기보다 냄새를 맡기 위해서입니다. **가만히 있으면 됩니다.** 그러면 강아지는 10~20초 정도 냄새를 맡으면서 관찰을 합니다. 우리 주인보다 몸집은 더 작고, 나이는 어리고, 힘은 더 세고, 성격은 더 착하겠구나, 그리고 여자사람이구나 하는 등의 정보를 수집한 후 '이 존재가 나를 해치지 않겠구나' 하는 판단이 서면, 경계심이 완화되면서 제 할 일을 하러 가게 됩니다. 이럴 때 말을 걸거나 눈을 마주치지 않는 것이 중요합니다. 강아지를 자극하지 않는 것입니다. 강아지가 다가오든지 말든지 저리가든지 말든지, '네 하고 싶은 대로 해라' 하는 마음으로 무심하고 태연하게 있으면 그 마음을 읽고서 강아지도 점차 무심하고 태연해집니다. 즉 내가 가진 마음에 강아지도 동화되는 것입니다.

이름을 부르거나, "저리가-", "이러지 마!" 하면서 말을 걸면 강아지는 자기를 공격하려고 하는구나 하는 생각에 더욱 맹렬하게 반응하기 쉽습니다. 눈을 마주치는 것도 강아지에게 도전적 행동으로 비춰집니다. 무관심하고 냉담하게 보이는 것이 좋습니다. '저 사람은 나에게 적대적이지 않고, 관심도 없구나!' 하는 판단이 서면 강아지도 나에게 적대적이지 않고 무관심하게 됩니다.

물어버리고 싶어!
네가 물면 나도 물테야!
참어!

개똥 치우기보다 쉬운
강아지 길들이기

| 느긋하고 담대하게 행동하라

강아지의 탐색이 끝나고 경계심이 완화되어 으르렁거리거나 짖지 않게 되면 자유롭게 움직여도 됩니다. 그러나 강아지가 완전히 경계심을 버린 것은 아니고 나를 관찰하며 주시하고 있다면, 천천히 느긋하게 강아지가 예측할 수 있도록 움직입니다. 강아지에게 너무 가까이 접근하지 말고 어느 정도 거리를 유지합니다.

낯선 강아지에게서 멀어질 때에도 갑자기 뛰거나, 도망가듯이 급하게 걷지 않습니다. 다시금 짖더라도 돌아보지 말고 못들은 척 느긋하게 걸어가면 쫓아오지 않습니다.

| 아주 특별한 경우

광견병에 걸린 강아지나, 공격훈련을 받은 특수견, 친화나 사회화가 전혀 안 되고 닭장같이 좁은 우리에만 갇혀 지내며 스트레스로 가득찬 대형견이 풀려났을 때 마주친다면, 상당히 난감한 경우입니다.

이럴 때도 마구 도망가면 오히려 열심히 쫓아와서 물기 쉽습니다. 거리가 멀다면 도망가서 숨는 것이 상책이나, 가까운 거리여서 도망가는 것이 부적절하다고 판단되면 (미친) 강아지가 접근을 못하도록 막아야 합니다. 방패로 삼을 만한 것을 찾아서 들고 (미친) 강아지의 접근을 막으면서 소리를 강하게 질러 강아지를 쫓아 보내거나 주변 사람들의 도움을 요청하는 것이 좋습니다. 우산을 펴서 강아지의 시야를 막으면 웬만큼 사나운 강아지도 밀고 들어오지 못합니다.

내가 왜 가운데 끼어들었냐구요
친구들의 싸움을 말리고 싶어요

세 번째,

아기강아지를
위한 영재교육

우리집 강아지가 앞으로 겪어야 할 많은 일들을 미리 예측할 수 있고,

강아지가 씩씩하게 자라서 행복하게 살아갈 수 있도록

올바른 길로 이끌어 줄 수 있습니다,

우리집 강아지가 우리의 '선의'를 얼마나 잘 따라오느냐 하는 것은

그 나름의 '자유의지'가 작용하겠지만!

친화

우리집 강아지와 같은 식구호서

특별한 관계를 맺는 것이 친화이다

부모자식처럼, 형과 아우처럼

서호를 믿고 의지하고 인정하고 좋아하는 관계…

그러면서도

올바른 리더호서 자리매김하는 것이

제대호 된 친화이다

우리집 강아지에게 주인으로서의 '나'는 신적인 존재입니다. 우리가 신에게 기도하는 많은 것들을 우리는 '우리집 강아지'에게 해 줄 수가 있습니다. 낳아주고 길러준 어머니가 위대하고 존경스럽지만, 그 어머니도 어찌할 수 없는 일은 신에게 기도하듯이, 강아지는 자기를 낳아주고 길러준 어미개에게 복종하고 따르지만 어느 정도 큰 다음에는 어미개보다 주인을 더 존경하고 따르게 됩니다. 우리가 신에게 그러하듯이.

우리는 우리집 강아지가 앞으로 겪어야 할 많은 일들을 미리 예측할 수 있고, 강아지가 씩씩하게 자라서 행복하게 살아갈 수 있도록 올바른 길로 이끌어 줄 수 있습니다. 우리집 강아지가 우리의 '선의'를 얼마나 잘 따라오느냐 하는 것은 그 나름의 '자유의지'가 작용하겠지만!

사람마다 선천적, 후천적 '인성'이 다르듯이 강아지도 타고난 '개성'이 저마다 다르고 또, 어떠한 환경에서 어떤 경험들을 하면서 자라느냐에 따라서 독특한 '세계관(가치관)'을 형성하게 됩니다.

그러한 가치관, 즉 세상을 바라보고 이해하는 감각을 길러주는 것이 바로 '친화'입니다. 사람이 저마다의 가치관에 따라 한 인생을 살아가듯이 강아지도 스스로 보고느낀 경험에 의존하여 반갑다고 꼬리를 치기도 하고, 사납게 짖고 물어뜯기도 하는 것입니다. 어린 시절의 긍정적이고 풍부한 경험은 우리집 강아지가 사랑받으며 행복하게 한평생을 살아갈 수 있는 귀중한 밑천입니다.

개성(個性)이 한 사람의 인간적 매력이자 그 사람의 인생을 좌우하듯이 '개성 (犬性)'이 우리집 강아지와, 우리집 강아지가 속한 공동체(무리)인 우리집의 행복과 불행에 많은 영향을 끼치기도 합니다. 옛날 대가족에 딸린 툇마루 밑의 강아지는 집안의 분위기에 그다지 영향을 주지 않는 종속변수였지만, 소가족화 된 요즘 거실을 차지한 우리집 강아지는 우리집의 분위기를 많이 주도하는 '상수'로 작용하는 것이지요.

그리고 많은 가족들의 손길과 눈길, 많은 이웃 강아지, 소와 염소, 닭, 오리, 때로는 대갓집 조랑말까지 길거리에서 마주치면서 친화 교육을 받은 옛날의 목줄 없는 강아지와 달리, 오늘의 우리집 강아지는 '내'가 아니면 달리 친화 교육을 시켜줄 '선생님'이 부족합니다. (풍요속의 빈곤이라고 할까, 생활환경은 좋아졌지만, 정서적 자극을 주고받을 수 있는 대상은 지극히 제한된 환경에 처한 '우리집 강아지…!' 도그 휘스퍼러〈Dog Whisperer〉란 책 속에서 저자 세사르 밀란〈Cesar Millan〉이 미국의 잘 차려입은 강아지들이 멕시코의 말라빠진 길거리의 강아지들보다 '생기'가 없더란 표현이 우리나라에서도 점점 일반화되고 있습니다!)

갓 태어난 강아지는 어미개의 품에서 형제들과 어울리면서 강아지의 예의범절을 배웁니다. 생후 4~6주 동안은 어미개와 형제들을 통하여 강아지 사회의 상호작용에 대한 것들을 배우는 중요한 시기입니다. (생후 6주 이전에 어미개와 떨어지게 되면 다른 강아지들과 어울리는 사회성이 부족하게 됩니다)

> 하품은 전염병입니다
> 사람과 애정의 관계에서 더 빨리 전염되는

당신과 함께라면
장애물도 즐겁습니다 나는

개똥 치우기보다 쉬운
강아지 길들이기

강아지의 한평생을 살아가는 성격형성의 기초가 되는 시기가 생후 3주부터 12주까지의 기간입니다. '**사회화의 결정적 시기**'라고 하는데 첫 2~3주 동안은 어미개와 한 배에서 태어난 형제들을 통하여 강아지로서의 정체성을 확립하는 시기입니다. 그리고 생후 5주부터 강아지의 호기심과 탐구심이 왕성해져서, 둥지너머의 인간과 주변 환경에 대해서 배우면서 경험을 쌓기 시작합니다.

생후 5주부터 8주까지의 기간 동안, 강아지들은 새로운 사물이나 사람을 보면 주저 없이 접근하여 눈을 맞추고, 입으로 핥아보고, 앞발로 만져보면서 아무런 적의나 두려움 없이 대합니다. 집안에서 고양이나 다른 동물들과 친화를 하기에 가장 좋은 시기입니다.

이후 8주에서 10주까지의 기간 동안은 '공포, 회피 반응'을 보입니다. 이 세상에 나를 해치는 무서운 적들이 존재한다는 것을 자각하는 시기를 거치면서 자기방어의 본능이 자리잡기 시작하는 것이지요. 조그만 몸집으로 자기를 알아달라고 "앙~앙~" 짖기 시작하고, 어미 곁을 떠나 새로운 주인을 만나는 시점이기도 합니다.

강아지가 어미와 함께 있던, 분양이 되어 새로운 가족과 함께 있던 생후 12주까지의 사회화 기간 동안 다양한 사람들과 환경을 접하면서 우호적이고 행복한

저 많은 시선들 속에서
내가 찾는 것은
당신의 두 눈에 담긴 내 눈동자입니다.

경험들을 많이 할 수 있게 해주는 것이 강아지의 건강한 성격형성에 굉장히 중요한 자양분이 됩니다. 이 시기에 많은 사람들로부터 귀염을 받고, 다양한 동물들과 사물들을 보고, 듣고, 냄새맡고 한 강아지는 사납거나 겁쟁이거나 말썽꾸러기가 되기보다는, 밝고 씩씩한 성격 좋은 강아지가 될 확률이 아주아주 높아집니다.

그리고, 생후 12주부터 만 한 살까지는 강아지의 청소년기입니다. 사람의 청소년기처럼 하루하루 몸과 마음이 부쩍부쩍 성장하면서 모든 것을 빨리 배우고 또 힘이 남아돌아서 말썽도 많이 피우는 시기입니다. 이 시기에 집안의 구성원으로서 (강아지 입장에서는, 무리의 일원으로서) 자리 잡고 활발한 상호작용과 친화를 요구하며, 또 신분상승을 꾀하기도 합니다. 즉, 자기가 무리의 리더가 되려고 하는 의욕도 강해서 가족의 한 사람 한 사람을 강아지의 관점에서 관찰하면서 자신과의 상하관계를 재어 봅니다. 이때 모든 식구들이 어린 강아지가 이쁘다고 "오냐! 오냐!" 하면서 강아지의 요구를 모두 다 들어주다 보면 강아지는 자신이 무리의 리더라고 착각을 하게 됩니다. 범 무서운 줄 모르는 하룻강아지가 되는 것이지요. 앞에서 이야기한 이솝 우화의 코미디가 우리집에서 현실화됩니다! 우리집 강아지가 2~3kg 정도 나가는 작은 덩치의 녀석이라면 큰 사회적 물의를 일으키지는 않겠지만, TV나 영화에서 보는 의젓하고 멋진 강아지가 되기는 글러버린 것이지요. 십 년 후 늙어서 지칠 때까지 시끄럽고 성가신 존재로

개똥 치우기보다 쉬운
강아지 길들이기

산책하러 가요~

살아가기 쉽습니다. 계속 참고 키워야하나, 내보내야 하나 하는 고민이 강아지의 덩치에 비례해서 커지게 됩니다.

친화는 우리집 강아지와 주인으로서 애틋한 감정을 교류하는 것입니다. 한 울타리 안에서 같이 먹고 자는 동료로서의 동지애 같은 것이지요. 그러나 대전제는 강아지와 동료가 되는 것이 아니라 리더가 되어야 합니다. (많은 초보 강아지 주인들이 실수하는 부분입니다!)

모든 강아지는 본능적으로 무리 속에서 리더를 찾고 그 리더와 자신의 관계를 설정하기 때문에 내가 리더가 되지 않으면 비어있는 리더의 자리를 강아지가 차지하고 나를 이끌려고 합니다. 다행히 우리집 식구 중에 강아지가 어려워하는 리더가 있더라도 나에 대해서는 강아지가 형 노릇을 하려고 합니다. 자기가 차지하고 있는 소파에 내가 앉으려고 하면 으르렁거리는 것이지요.

그 옛날 툇마루 밑의 강아지처럼, 모든 식구들보다 낮은 계급으로 정확히 자리매김 해주어야 강아지도 평안하고 사람들도 편안해 집니다. 거실에 같이 앉아 TV를 보더라도 가능하면 강아지는 소파에 올라오지 못하게 하는 것이 좋고, 설사 올라오더라도 주인이 허락했을 때만 가능하고 내려가라고 하면 바로 내려가야 합니다. 그것이 올바른 교육이고 서로 행복한 관계정립입니다.

"

주인님하 어디 계신거

"

　강아지는 자신을 보호해 주는 리더가 확실할 때 마음의 안정을 찾고 여유롭지
만, 자기가 무리의 리더가 되어 무리를 보호해야 한다고 생각하면 예민해지고
스트레스를 받게 됩니다. 누군가 문 앞을 지나갈 때마다, 우체부가 벨을 누를 때
마다, 무리의 울타리가 침입을 받는다고 판단하고 쫓아내려고 짖어댑니다. 자신

이 리더가 아니라는 확신이 있으면 짖는 대신 리더의 얼굴을 쳐다보면서 리더의 반응을 살피게 됩니다. 그렇게 만드는 것이 올바른 친화와 교육입니다.

친화를 강화하기 위해서 가장 좋은 방법은 이유 없이 간식을 자주 주는 것보다, 같이 하는 산책이 효과적입니다. (간식을 줄 때는 간단한 "이리와", "앉아", "기다려" 등의 교육을 하면서 보상으로 주는 것이 좋습니다)

마당 밑의 강아지가 거실로 잠자리를 옮기면서 강아지의 몸은 깨끗해졌지만, 반대급부로 운동부족이 일상화되었습니다. 사람의 1/4도 안되는 덩치가 주인과 똑같은 양의 간식을 즐기다보니 어느새 비만과 당뇨, 고지혈 같은 인간의 성인병이 강아지에게도 나타나기 시작했습니다.

아침, 저녁 강아지를 위한 산책길은 서로의 몸과 마음을 건강하게 하고, 함께 호흡하면서 친화의 감정도 깊어집니다. 부디 강아지랑은 같이 먹으면서 친화를 쌓지 말고, 같이 걸으면서 친화하시기를…

강아지는 **먹는 것보다 산책을 더 좋아한다**는 학설도 있습니다^^

대소변 가리기

강아지 예절의 알파,

우리집 강아지가

집안에서 실례만 하지 않는다면

강아지 유치원을 졸업한 것이다

강아지들이 버려지는 여러 가지 이유 중에서 가장 큰 이유 중의 하나가 대소변을 제대로 가리지 못하기 때문이라는 통계가 있습니다. 사람 아기가 제대로 화장실을 이용하기까지에는 몇 년이란 시간이 필요합니다. 그러나 웬만큼 멍청한 강아지라도 일주일만 제대로 가르치면 대·소변을 원하는 장소에서 하도록 숙달시킬 수가 있습니다.

| 처음 집에 왔을 때

무슨 일이든 첫 단추를 잘 꿰어야 합니다. 그러면 다음 일들이 순리대로 쉽게 풀려갑니다. 배변훈련도 처음 집에 데려오는 그 순간부터 시작하는 것이 가장 좋습니다. 물론 경우에 따라서는 생후 6주도 되지 않은 어린 강아지를 데려와서 요람에서 이유식부터 먹여야 할 수도 있습니다. 그러나 생후 두 달이 지나 어미젖을 떼고, 뜀박질도 할 수 있다면 화장실 훈련이 가능합니다.

강아지가 처음 집에 도착하면 우선 화장실로 쓸 장소로 데려갑니다. 한두 시간 차를 타고 왔다면, 바로 '쉬-'나 '응아'할 확률이 높습니다.

배변 활동을 하면 칭찬해 주고, 5분 동안 하지 않으면 데려옵니다.

강아지가 쉬-를 하고 난 다음에는 강아지가 지낼 거실이나 방을 냄새 맡고 눈에 익히면서 적응할 시간을 줍니다. 새로운 공간에 적응이 되면 먹이와 물을 줍

나도 주인님 못지않은 깔끔덩이랍니다
내가 잠자는 공간에서 최대한 멀리 가서 응아를 합니다
그러나…
짧은 목줄이나, 좁은 케이지 안에
너무 오래 갇혀 있다 보면, 실례를 할 수 밖에 없습니다
주인님…
아침/저녁, 식사 후에는 화장실에 갈 시간을 주세요!

뭘 찍어유, 쑥스럽게

ㅎ ㅎ ㅎ…
케빈이 삼케찬은
태풍보다 더 시원해요 ^^

개똥 치우기보다 쉬운
강아지 길들이기

니다. 어미와 함께 있을 때 먹던 사료를 얻어와서 새로운 사료와 섞어주는 것이 좋습니다.

강아지가 어릴수록 조금씩 자주 먹입니다. 생후 3개월까지는 4~5회, 3개월 이후 6개월까지는 아침, 점심, 저녁으로 세 번 식사를 줍니다. 강아지는 배변활동을 수시로 합니다. 식후에는 바로 지정된 화장실로 데려갑니다. 5분정도 기다려도 배변 활동을 하지 않으면, 데려왔다가 10분쯤 후에 다시 화장실로 데려갑니다.

성견이나 어린 강아지나 배변 활동이 필요하면 몸짓신호를 하게 됩니다. 제자리를 맴돌거나, 바닥을 킁킁거리며 냄새를 맡거나, 낑낑거리거나, 안절부절못하거나… 하루만 곁에서 지켜보면 배변신호를 읽을 수 있습니다. 배변신호를 하면 가만히 화장실로 데려갑니다. 볼 일을 보고나면 기쁜 목소리로 칭찬을 해줍니다. 화장실이 아닌 곳에서 폼을 잡으면 얼른 **"안돼-!"** 하고, 주춤하는 사이 화장실로 데려갑니다.

첫날밤은 따로 재우는 것보다는 주인의 침대나 잠자리 옆에 케이지나 상자를 놓고 재우는 것이 좋습니다. 어미랑 함께 쓰던 담요나 장난감을 잠자리에 넣어주면 정서적인 안정감을 얻는데 도움이 됩니다. 밤에 자면서 낑낑거리거나 짖더라도 무시하는 것이 좋습니다. 쓰다듬어 주거나 위로해 주면 낑낑거리고 떼를

아침 일찍 일어나서 산책하고 응아하고
맛나게 아침식사 하고
나무 그늘에 쉬노라면 뉘 부러울쏘냐

개똥 치우기보다 쉬운
강아지 길들이기

쓰는 것이 습관이 됩니다.

("안 돼!" 하고 꾸짖는 것보다, 아무 소리도 안 들린다는 듯 무시하는 것이 훈련되기 전에는 오히려 효과적입니다)

잠자리에 들기 전에 동네길을 같이 산책하면서 친밀감도 쌓고 강아지를 조금 피곤하게 만들어주면, 조금 낑낑거리다가 쉽게 잠들어 버릴 수 있습니다. 잠자리에 들기 전에 산책하면서 배변활동을 하는 것은 성견에게도 좋은 습관입니다.

다음 날 아침, 일어나자마자 바로 화장실로 정한 장소로 데려갑니다.

아주 어린 강아지가 아니라면 외부로 데려가서 배변활동을 유도하는 것이 편합니다. 일어나자마자 동네 한 바퀴 도는 것이 습관이 되면, 응아는 거의 그 시간에 하게 됩니다. 그리고 생후 6개월 정도 지나서 아침, 저녁으로 두 끼를 먹이면 응아도 하루에 한 번만 하는 경우가 많습니다. 강아지의 배변습관을 들이는데 아침 산책은 가장 중요한 일과입니다. 일어나자마자 20~30분 투자해서 강아지랑 산책하는 것이 습관이 되면 주인과 강아지 모두 정신 건강, 몸 건강에 대단히 이롭습니다. 꼭 실천하시길…!

처음 2~3일 동안 강아지랑 함께 지내면서 잘 관찰하다가 배변신호를 보이면 재빨리 화장실로 데려갑니다. 일어나자마자, 식사하고 나서, 물먹고 나서, 놀고

난 뒤, 낮잠 자고 나서는 쉬-나 응아를 할 확률이 높습니다. 주인이 지정해 준 화장실을 강아지가 이해하고 스스로 찾아가 배변을 할 때까지 영리한 강아지는 2~3일, 보통은 일주일 정도 걸립니다. 강아지를 지켜보지 못할 때는 지정된 화장실에 데려다놓고 칸막이로 막아놓습니다.

사람아기도 일곱, 여덟 살까지 이불에다 실례를 하듯이 강아지도 화장실 훈련 과정이나, 끝난 후에도 한 번씩 실수를 할 수 있습니다. 화장실이 아닌 곳에 배변활동을 했을 때 너무 심하게 야단을 치면 강아지가 주눅이 들고, 배변을 참거나 자기 응아를 주워 먹는 나쁜 습관이 생길 수도 있습니다. 화장실이 아닌 곳에 응아나 쉬-를 했을 때는 모르는 척 무시해 버리고 강아지가 보지 못할 때 재빨리 치워버립니다. 사람코 보다 수천 배 이상 예민한 개코로도 맡지 못하게 락스나 냄새제거제로 흔적을 깨끗이 지워야 합니다. 냄새가 배거나 남아 있으면 그 자리가 새로운 화장실이 되기 쉽습니다. 주인이 지정한 화장실을 이용해서 배변을 했을 때만 칭찬을 해주고 가끔은 맛있는 간식으로 보상해 줍니다. 원하지 않는 곳에 배변을 하면 **냉담하게 무시합니다.** 왜냐하면 주인의 질책도 격려로 받아들이기 쉽기 때문입니다.

| 케이지 훈련

　강아지들의 언어와 행동을 이해하려면 늑대를 관찰하면 유용하다고 합니다. 강아지들의 유전자에는 아직도 늑대의 본능이 강하게 뿌리내리고 있기 때문입니다. 그 기초적인 본능의 하나로 늑대나 강아지나 어두컴컴하고 좁은 동굴 속에 있을 때, 가장 편안하게 쉴 수 있다고 합니다. 그래서 강아지 집도 화려한 개방형 보다는, 동굴 속 같은 느낌을 줄 수 있는 밀폐형이 좋습니다.

저 잘하지요?

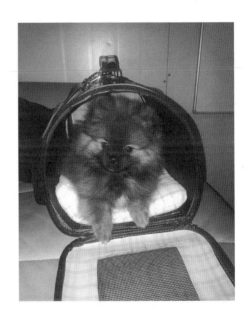

이 정도야 식은 죽 먹기죠

개똥 치우기보다 쉬운
강아지 길들이기

성견 사이즈의 케이지를 구비하였다면, 어릴 때에는 케이지안의 공간 일부를 막아서 몸을 돌리는데 불편하지 않을 정도의 공간으로 만들어 주는 것이 좋습니다. 케이지 안이 너무 넓으면 한쪽 옆에다가 배변하는 것이 습관이 될 수도 있습니다.

본능적으로 강아지는 자신의 잠자리에서 최대한 먼 곳에 가서 배변활동을 합니다. 케이지를 자신의 보금자리로 인식하면 배변활동을 스스로 참게 됩니다. 처음에는 잠깐 문을 닫아 두는 연습부터 시작해서 조금씩 케이지 안에 있는 시간을 늘여나가면 강아지도 그 시간동안 배변활동을 참는 훈련이 됩니다. 어린 강아지는 한 시간 이상 가두어두지 않습니다. 수시로 배변활동을 하므로 자칫하면 케이지 안에 배변활동을 하는 습관이 배어버릴 수도 있습니다.

적당한 크기의 케이지를 준비하였다면, 강아지가 케이지에 갇힌다는 거부감 없이 즐겨 케이지에 들어가게끔 하는 것이 관건입니다. 요령은, 케이지 안에다 식사를 넣어주고 적응할 때까지는 문을 닫지 않습니다. 오직 케이지 안에만 푹신하고 안락한 방석을 넣어주고 강아지방의 다른 곳에는 두지 않습니다. 강아지가 케이지의 방석 위에서 쉬고 있으면 가끔 맛있는 간식이나 장난감도 주고 착하다고 칭찬도 해 줍니다. 하루 정도 적응을 하면, 식사를 주고 먹는 동안 잠시 문을 닫아 둡니다. 조금씩 문을 닫아두는 시간을 늘립니다. 강아지가 나오려고 낑낑거리더라도 정한 시간 동안은 케이지 옆에 가지 않아야 합니다. 조금 후에 문이 열린다는 것을 강아지가 이해하면 안정을 찾게 됩니다.

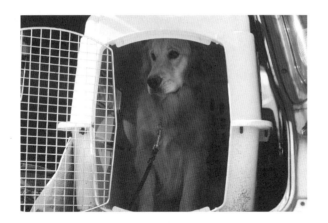

오늘은 어디로 가나요?

" 나 언제까지 여기서 기다려야 해요? "

화장실 훈련이 끝나면 사람이 집에 있을 때는 케이지 문을 열어놓아 자유롭게 들락거리게 해줍니다. 케이지 훈련이 잘되어 있으면 집에 손님이 방문하거나, 강아지랑 함께 여행을 할 때, 강아지도 주인도 무척 편리합니다.

| 페이퍼 트레이닝

실내견이든 실외견이든 가능하면 배변활동은 밖에서 하는 것이 훈련하기도 쉽고 치우기도 쉽습니다. 그러나 불가피하게 실내에서 배변을 하게 하려면 신문지나 배변용 패드를 사용하여 배변활동을 하게 합니다. 화장실에다가 배변장소를 정해주어도 좋고, 특정한 장소를 지정해 주어도 좋습니다.

처음에는 강아지방 전체에다 신문지나 애견용 패드를 깔아줍니다. 처음에 쉬-를 한 신문지를 화장실로 쓰고자 하는 곳에 옮겨놓고 그 위에 깨끗한 신문지를 덧깔아 줍니다. 다음에 냄새를 찾아와서 배변을 하면 칭찬해 주고, 다른 곳에 배변을 하면 얼른 치워버리고 냄새를 깨끗이 닦아냅니다. 일정한 공간에 계속 배변활동을 하면 점차적으로 신문지의 면적을 줄여 나갑니다.

지정한 곳이 아닌 여기저기에 배변을 한다면, 배변신호를 잘 관찰하다가 응아할 폼을 잡으면 얼른 화장실 장소로 데려갑니다. 배변을 하고 나면 칭찬해 줍니

역시 내 집이 최고야

다. 다른 곳에 배변을 했을 때는 칭찬도 꾸중도 하지 않고 무시해 버리고 강아지 모르게 깨끗이 치워버립니다. 몇 번 실수하면서 강아지는 주인이 무엇을 원하는지, 어떻게 하면 칭찬을 하고 좋아하는지 인식하게 됩니다. 배변패드나 신문지 위에서 응아를 하지 않고 시간을 끌면, 칸막이로 못 나오게 막아놓고 홀로 두었다가, 배변을 하고나면 잘했다고 칭찬해 줍니다.

화장실에서 배변을 하는 경우, 완전히 익숙해지면 신문지를 깔지 않아도 강아지가 그 곳에서 응아를 하게 됩니다. 신문지를 치운 첫날에는 아닌 척 하면서 관찰합니다. 신문지 없는 화장실에서 배변을 하고 오면 잘했다고 조금 더 실감나게 칭찬을 해서 행동을 강화시켜 줍니다. 만일 실수를 하면 처음부터 다시 시작합니다.

화장실 훈련은 일주일 정도만 집중적으로 지켜보면 90% 이상 성공합니다. 강아지가 너무 어리거나, 분위기가 강압적일 때 강아지에게 억압으로 작용하여 10%의 실패요인이 있을 뿐입니다.

생후 14주까지는 괄약근의 조절력이 약해서 실수하기 쉽지만, 영특한 강아지는 생후 석 달도 되기 전에, 2~3일만 가르쳐도 척~척~ 해치우기도 합니다. 너무 조급하게도 말고, 너무 느긋하게도 말고, 우리 강아지의 첫 훈련이니만큼 성의껏 가르치다보면 어느 순간 이심전심이 됩니다. ^^

네 번째,

사춘기 강아지
길들이기

사춘기를 '질풍노도의 시기'라고

칭하는 것은 강아지에게도 그대로 해당됩니다.

그 기간에는 강아지의 심리상태가 백지와 같아서

세상의 경험을 쉽게 받아들이고 동화됩니다.

일 년이 지나 심리적 육체적으로 성숙한 다음에,

형성된 습관이나 성격을 바꾸기는

도화지의 그림을 지우고 다시 그리는 것처럼 어려워집니다.

산책

우리집 강아지와 함께 하는 가장 중요한 일은

매일 나란히 걷는 일이다

느긋하고 행복한 산책길에서 '친화'도 깊어지고

건강한 '사회성'도 길러진다

함께 운동하고, 대화하고, 호흡하면서,

올바른 '리더십'을 형성한다면

매일 아침, 저녁의 산책길을

천사와 함께 거닐듯이 유쾌하고 행복할 것이다

그러기 위해서는 올바른 '산책 예절'을 알고 지켜야 합니다. 예절이니 문화니 하는 것은 이웃에게 피해를 끼치지 않으면서 즐기는 방법을 만들어 가는 것입니다. 우리집 강아지와 산책을 즐기기 위해서는 어떤 요령이 있을까요?

| 호젓한 산책길 선택하기

오래 산 동네이든, 새로 이사온 동네길이든, 호젓한 길을 거닐며 동네 생김새를 관찰할 일은 드뭅니다. 그러나 우리집에 강아지가 있다면, 그 강아지를 위하여 산책길을 개척할 필요가 있습니다. 강아지와 함께 대문을 나서서 동네를 이리저리 돌아보면서 몇 개의 산책로를 만들어 보세요!

아침 출근길이 급하거나 늦잠을 잤을 때 이용하는 짧은 길, 그 길은 아마도 강아지가 응아와 쉬-를 하는 '우리집 강아지 화장실'이 포함된 길일 것입니다. 그리고 휴일 오후처럼 느긋할 때 모처럼 서너 시간 정도 시간을 내어 멀리 이웃동네까지 돌아볼 수 있는 길도 개척해 보시고.

매일 일정한 코-스를 반복하는 산책보다는 조금씩 변화를 주면서 때로는 거꾸로 돌아오는 산책길이 우리집 강아지의 **'지적 자극'**으로도 좋습니다. 가능하면 차가 많이 다니거나 번잡한 길은 피해서 조용하고 풍광이 좋은 길을 택하다보면, 정감 있는 이웃강아지와 주인들도 사귈 수 있습니다.

| 느긋하게 산책하기 – 1단계(운동)

대개 산책에는 운동을 포함시켜 생각합니다. 실제로 강아지에게 필요한 운동량을 30분 가량의 산책으로 소화시켜 주기는 어렵습니다. 열 살이 넘도록 같이 산 강아지라면 주인의 느긋한 발걸음에 쉽게 보조를 맞추겠지만, 한창 자라는 어린 강아지라면 솟구치는 힘을 주체하지 못하여 집안에서도 방방 뛰어다니다가 산책을 나오면 미친개처럼 마구마구 뛰어다니기 십상입니다. 허스키나 말라뮤트 같은 썰매 끄는 강아지도 아니면서 주인을 끌고 다닐려고 할 것입니다. 어떻게 해야 영화처럼 느긋하게 산책할 수 있을까요?

우선 운동으로 강아지의 넘치는 에너지를 분출할 수 있게 해 주어야 합니다. 몇 년 동안 긴 훈련과정을 거친 안내견이 아니라면 보통의 강아지들은 자기 몸 안에 가득 찬 운동욕구를 참아내기 어렵습니다. 처음 산책의 출발은 얌전하게 하는 것이 필요합니다. (《다섯 번째–기본예절교육》 중에서 '따라' 참조)

산책을 통하여 우리집 강아지와의 올바른 리더십을 확립하려면 처음 출발할 때는 얌전하게 따라오게끔 교육시켜야 합니다.

그리고 응아와 쉬-를 마친 후, 차가 다니지 않고 왕래하는 사람도 적은 곳으로 가서 '운동'을 시켜 줍니다. 같이 달릴 수 있으면 가장 좋습니다. 강아지보다 체력이 떨어진다고 생각하시면, 긴 줄을 이용하여 강아지 혼자 뛰어다니며 좋아하는 냄새도 맡고 놀게 시간을 줍니다.

이렇게 얌전히 걸으면 되지요?
당신이 원한다면 얼마든지 하지요. 나는…

형님 어디 가요? 저도 데려가 주세요!

강아지가 "이리와-"훈련이 잘 되어있고, 지나다니는 사람도 없고 안전한 곳이라면 잠시 줄을 풀어주셔도 좋습니다. 그러나 불의의 사고는 항상 강아지가 풀려있을 때 발생하기 쉬우므로 운동시간이 끝나면 바로 줄을 채우셔야 합니다.

시간이 넉넉하다면, 강아지가 조금 지칠 때까지 충분히 운동시간을 주는 것이 좋겠지만, 평일 오전 같으면 5분 정도라도 강아지가 그 시간을 즐길 수 있게 운동시간을 주는 것이 강아지의 정신건강에도 이롭습니다.

운동을 시작할 때는 "놀아-"라고 말해서 자유롭게 뛰어다녀도 좋다는 인식을 시켜주고, 운동을 마친 다음에는 줄을 짧게 잡고 "가자-"라면서 얌전히 산책해야 한다는 신호를 줍니다.

어린 강아지를 얌전히 통제하는 것이 쉽지는 않지만, 포기하지 말고 5장의 '기본 예절'훈련을 반복하면서 매일 조금씩 개선시켜나가면 산책을 시작한 지 한달 안에 얌전하게 옆을 따라 걷는 모범생 강아지로 교육시킬 수 있습니다. 조급하게 다그치지 말고 **느긋하면서도 엄격하게, 일관성을 가지고** 강아지를 대하면 강아지는 차츰 주인이 원하는 것을 이해하고 따르게 됩니다.

덩치 큰
너는 누구니…?

무뚝뚝한
너는 싫어!
다정한
우리 주인님에게
돌아갈 거야

개똥 치우기보다 쉬운
강아지 길들이기

| 느긋하게 산책하기

앞 단락에서 '운동'이라 하지 않고 '느긋하게 산책하기-1단계'라고 한 것은, 산책은 강아지도 주인도 느긋하게 즐기는 시간이 되어야 한다는 대전제 아래 우선 강아지를 느긋하게 만들어주는 심리적, 육체적 조건을 만들어 주기 위해서입니다. 시간이 된다면 따로 운동시간을 만들어 보세요. (《여섯 번째-멋진 반려견 만들기》 중에서 '반려견과 함께 운동하기' 참조)

우리집 강아지와 함께 하는 산책의 본령은 느긋하고 여유롭게 즐기는 시간이 되어야 한다는 것입니다. 앞장서서 줄을 잡아당기며 자기 입맛대로 길을 이끄는 강아지와 씨름하지 않고, 주인이 앞장서서 이끄는 대로 얌전하게 따라오면서 스스로 즐기는 강아지로 교육시키는 것입니다. 그러면 남 보기도 좋기만, 이끄는 주인도 편하고, 믿고 따르는 강아지도 느긋하고 행복합니다.

이 책에서 몇 번이나 강조하고 반복하는 내용이지만, 강아지는 스스로가 리더가 되었을 때보다 믿음직한 리더의 보호를 받으면서 명령을 따르는 것을 오히려 좋아하고 행복해 합니다. 문제는 **주인이 강아지 눈에 믿음직한 리더로 비치는가** 못하는가입니다. 항상 주인이 앞장서고 강아지는 따라오는 형태보다는, 필요하다면 강아지가 앞장설 수도 있지만 그 결정은 강아지가 하는 것이 아니라 주인이 판단하고 명령하고, 강아지는 흔쾌히 따라야 한다는 것입니다.

우리집 강아지가 좋아하는 간식을 몇 개 휴대하였다가, 강아지가 다른 강아지나 사람에게 주의를 빼앗겼을 때나, 무언가를 주워먹으려고 하거나, 심심해 할 때 "이리와-", "앉아-", "엎드려-" 등의 간단한 훈련과 함께 간식을 주면서 항상 강아지가 주인에게 집중하고 있도록 유도합니다.

| 산책 예절

국립 공원이나, 많은 곳에서 "애완견 출입금지"라고 씌여 있는 것은 강아지를 좋아하는 사람만큼이나 강아지를 싫어하는 사람들도 많다는 증거입니다. 그리고 반려견을 데리고 산책하는 주인들이 다른 사람들의 심기를 불편하게 하는 실례들이 쌓인 결과일 것입니다.

우리집 강아지를 데리고 집밖으로 나갈 때에는 우선, 목줄과 이름표를 꼭 해야 합니다. (목줄 없이 반려견을 데리고 다니면 벌금 10만원)
그리고 외출하면서는 배변봉투를 꼭 휴대하여, '응아'를 했을 때는 즉시 깨끗하게 치웁니다. (응아 방치 시 벌금 5만원)

강아지가 앞장서서 나대지 않고 얌전히 주인을 따라다니도록 교육시킵니다.
모르는 사람이나 강아지에게 우리집 킹이지가 함부로 짓거나 접근하지 못하도록 통제합니다. ("안돼-", "앉아-", "엎드려-" 등으로)

개똥 치우기보다 쉬운
강아지 길들이기

> **"**
> 당신이 맨발이라면
> 내가 이길 수도 있지롱…
> **"**

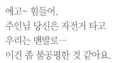

에고~ 힘들어.
주인님 당신은 자전거 타고
우리는 맨발로…
이건 좀 불공평한 것 같아요.

공원 등에서 강아지와 친하지 않은 어린아이들이 우리집 강아지를 쓰다듬을 때 눈이나 귀, 코를 만지려고 하기 쉽습니다. 우리집 강아지가 덩치가 크거나, 순화가 잘 되어 있지 않다면 입마개 등의 안전장비를 갖추고 산책을 나서는 것이 위화감을 해소하는데 도움이 됩니다.

강아지는 주인의 감정을 예민하게 파악하고 또 동화됩니다. 우리집 강아지의 행복을 위해서라도 행복한 산책을 하시길…

네 번째, 사춘기 강아지 길들이기

사회성 기르기

강아지가 주인과의 깊은 애정을 쌓는 것이

친화라면,

강아지가 바깥세상과 깊은 우정을 나누는 것이

사회성이다

당신은 내가 무섭겠지만,
나는 당신이 무섭답니다

사춘기를 '질풍노도의 시기'라고 칭하는 것은 강아지에게도 그대로 해당됩니다. 생후 2개월 지나 어미의 젖을 떼고 새로운 주인과 만나면서 시작하여 만 한 살 정도까지의 기간 동안, 육체적으로 거의 성견이 되고 심리적으로도 타고난 본능과 후천적인 경험이 복합적으로 작용하면서 기본 성격(개성犬性)과 세상을 대하는 가치관이 형성됩니다.

특히 **생후 3주에서 12주까지의 경험이 강아지가 세상을 살아가는 중요한 밑거름이 됩니다.** 세상에 대한 두려움과 경계심이 덜한 그 기간동안 가능한 많은 사람들과 강아지, 사물들을 경험하는 것이 강아지의 지적발달에도 큰 자극이 되고, 심리적 안정감을 형성하는데 많은 도움이 됩니다.

그 기간에는 강아지의 심리상태가 백지와 같아서 세상의 경험을 쉽게 받아들이고 동화됩니다. 일 년이 지나 심리적 육체적으로 성숙한 다음에, 형성된 습관이나 성격을 바꾸기는 도화지의 그림을 지우고 다시 그리는 것처럼 어려워집니다.

| 많은 사람들을 만나기

성장기(사춘기)에 주인 이외의 사람들을 만난 경험이 없이, 갇혀 있거나 묶여서 지낸 강아지들은 성견이 되었을 때, 낯선 사람들을 무서워하고 적대시 합니

우리는 원석입니다

많은 사람들을 만나보고
많은 친구들과 사귀어보고
많은 경험들을 하면서…

멋진 어른이 되고 싶어요

다. 쓰다듬어 주려고 다가서면 심하게 짖거나 물기까지 합니다. 사회성이 부족한 것입니다. 산책을 데리고 나가기도 힘들고 집안에 손님을 맞이하기도 피곤해집니다.

강아지가 어려서 사람들에 대한 경계심이 적을 때, 되도록 많은 사람들을 접하면서 귀엽다고 칭찬을 받거나 맛있는 간식을 얻어먹는 경험을 하게 되면 성견이 되어서도 낯선 사람을 두려워하지 않고 침착하게 대합니다. 될수록 많은 경험을 하는 것이 좋습니다.

강아지가 어려서 예방접종이 끝나기 전에는 다른 강아지들을 만날 수 있는 공원산책 등은 삼가는 게 좋습니다. 그 기간에는 집안에서, 찾아오신 손님이나 이웃집 사람들이 강아지가 좋아하는 간식을 주면서 쓰다듬어 주고 귀엽다고 칭찬을 해 주는 경험을 하게 합니다.

예방접종이 마무리 된 이후에는 아침 저녁의 산책시간에 만나는 사람들이 우리집 강아지에게 관심을 가지면, 가지고 간 간식을 건네면서 우리 강아지에게 주면서 칭찬해 달라고 부탁드립니다. 집으로 찾아오는 우체부 아저씨나 택배회사 직원들도 이런 방법으로 우리 강아지와 친해질 수 있습니다.

뮤지컬 배우 오디션 보러 왔어요^^

오디션보다 연습이 더 어려워요…

개똥 치우기보다 쉬운
강아지 길들이기

심심해서 낙서도 해보고… ^^

"

나는 무대체질…

"

사진은 2012년 12월 세종문화회관에서 공연한 뮤지컬 '애니'에 출연한 견공 벤
(극 중 '샌디' 역할)의 오디션, 연습, 공연 장면입니다.

" 우리도 썬그라스가 필요해요!
"

개똥 치우기보다 쉬운
강아지 길들이기

| 다른 강아지와 동물들 만나기

어려서부터 고양이나 닭이나 토끼나 하는 다른 동물들과 함께 생활한 강아지는 같이 생활한 동물들에 대해서 동료의식이 생깁니다. 다른 동물과 함께 키우시려면 어린 강아지 때부터 함께 지내도록 하는 것이 좋습니다. (힘이 넘치는 강아지가 짓궂은 장난으로 다른 동물을 괴롭힐 수 있으니, 관찰하면서 못하게 해야 합니다. 외출할 때는 격리시켜 놓는 것이 좋습니다)

산책을 하면서 다른 강아지들을 만나면, 잠시 강아지들끼리 인사하는 시간을 줍니다. (상대방 주인과 강아지가 우호적일 때)

사정상 외출을 자주 못하고 집안에서 주인하고만 지내야 할 형편이라면 애견카페나 애견학교 등의 시설을 이용하여 다른 강아지와 사람들을 만날 기회를 만들어 주는 것도 좋습니다. **가능하면 어릴 때,** 다른 강아지와 사람들을 자주 만나게 하는 것이 효과적입니다.

| 많은 경험하기

아프지 않더라도 단골 동물병원을 정하여 자주 놀러가면서 강아지가 동물병원의 분위기와 수의사 선생님의 손길에 적응하도록 해두면, 나중에 주사를 맞거나 수술을 받거나 할 일이 생겨도 강아지의 불안과 공포심을 덜어줄 수 있습니다.

자동차길 옆으로 걷고, 신호등 지켜서 건너고 하는 경험도 쌓이면 강아지가 자동차가 오는 길로 함부로 뛰어들지 않게 됩니다.

오토바이 소리나 진공청소기의 소음 등에 예민하게 반응하는 강아지는 멀리서 자주 보게 하면서, 짖으려고 할 때 "앉아-", "엎드려-" 등의 훈련과 함께 간식을 주면서 흥분을 가라앉히는 연습을 하면 차차로 개선됩니다.

자동차 타기도 처음에는 간식으로 유도하여 차에 타거나, 케이지에 넣은 상태로 태우고, 천천히 동네 한 바퀴를 돌아서 온 다음 맛있는 간식을 주면서 같이 놀아주면 강아지는 자동차 타기를 즐거운 기억과 연상시키게 됩니다. 차차로 주행거리를 늘여가면 강아지는 차에 타는 것에 익숙해지고 즐기게 됩니다.

어려서 사람들과 다른 강아지를 많이 만나면서 자란 강아지는 심리적으로 안정되고 침착하여, 심하게 짖거나 물거나 하는 문제행동을 일으킬 소지를 예방할 수 있습니다. 많은 강아지들의 문제행동이 어려서 주인하고만 지내거나, 갇히거나 묶여서 홀로 지냈거나 하면서 사회화 경험부족, 욕구불만이 쌓여서 발생합니다.

성견이 된 다음 치료하기보다는 어릴 때 일주일에 한 번씩이라도 시간을 내어 다른 사람들과 강아지를 만날 수 있는 경험, 다양한 사물을 대하는 경험을 만들어 주면, 세상물정 모르고 천방지축 짖고 덤비던 하룻강아지가 몇 날 사이 의젓하고 듬직한 충견으로 자라날 것입니다.

우리집 강아지와
특별한 경험 만들기

휴일날 반나절 정도 시간을 내어

우리집 강아지랑 한적한 공원이나 야외에 가서 산책하고… 운동하고…

같이 맛있는 간식을 나누어 먹고..

집에 돌아와서

같이 목욕하고… 같이 몸을 닦고…

같이 낮잠자는 시간을 가져보시길…

우리집 강아지는 그 경험을 평생 기억할 것입니다^^

다섯 번째,

기본예절교육

우리집 강아지가 가장 멋있을 때는 내가 불렀을 때,

하던 일 멈추고 나를 향해 일직선으로 뛰어오는 모습이 아닐까?

그러나 묶여있던 줄이 풀렸을 때,

천방지축 도망가는 놈 이름을 목청껏 부르며 죽으라고 달려본

경험이 있는 분들은 아실 터입니다.

우리집 강아지가 가장 미워지는 순간을

이리 와

강아지 학교에서 가르치는 과목 중

첫 과목!

가장 쉬우면서도 가장 중요한 과목

가장 철저히 가르쳐야 하는 과목

우리집 강아지가 가장 멋있을 때는 내가 불렀을 때, 하던 일 멈추고 나를 향해 일직선으로 뛰어오는 모습이 아닐까요?

너무나 당연한 일 아니냐구요?

그러나 묶여있던 줄이 풀렸을 때, 천방지축 도망가는 놈 이름을 목청껏 부르며 죽으라고 달려본 경험이 있는 분들은 아실 터입니다. 우리집 강아지가 가장 미워지는 순간을. 무엇보다 산책을 하다가 길 건너 다른 강아지나 닭고기조각에 눈이 팔려 차가 다니는 찻길을 들어섰을 때, 불러서 오느냐 안 오느냐에 우리집 강아지의 생사가 왔다갔다하기도 합니다. 도시의 공원에서는 줄을 매고 산책해야 하지만, 사람도 없고 차도 없는 한적한 야외나 바닷가에서 줄 없이 산책하려면 역시 "이리와-" 훈련이 확실하게 되어 있어야 합니다.

| 어린 강아지일 때

생후 2~3개월 된 강아지는 아무나 좋아하고 잘 따릅니다. 부르지 않아도 제가 스스로 달려옵니다. 그러나 불렀을 때 와야 한다는 의무감은 없습니다. (편의상, 강아지 이름을 '복실이'라고 하겠습니다)

당신이 부르면
기어서라도 달려갈께요 ^^

개똥 치우기보다 쉬운
강아지 길들이기

훈련을 시작한 뒤에는 강아지에게 이름을 불렀을 때, 달려오면 좋은 일이 생긴다는 기억을 만들어 주는 것입니다. 즉, 강아지가 스스로 다가왔을 때는 "우리 복실이 아이구 귀여워!" 하면서 쓰다듬어 주기만 합니다. 맛있는 간식이 손에 들려 있더라도 절대 주지 않습니다. (원칙을 정하고 24시간 정확히 지키는 일관성 있는 행동이 강아지 교육의 핵심입니다)

강아지가 딴청을 부리거나 저만큼 떨어져 있을 때, 손에 조그만 간식을 감추고서 "복실아- 이리와-" 하고 부릅니다. 강아지가 쳐다보고 달려오면 살며시 간식을 보여주며 손바닥으로 먹여줍니다. 즉, 불러서 왔을 때만 간식을 준다는 /조건반사/를 강아지 기억에 심어주는 것입니다. '세 살 버릇 여든까지 간다'라는 속담처럼 생후 삼 개월 무렵에 생긴 기억이 10~20년 늙어 죽는 날까지 강아지 머리를 지배합니다.

문제는 일관성입니다. 일주일 정도 "이리와-" 교육기간에는 엄격하게 원칙을 지켜야 합니다. 강아지가 스스로 다가왔을 때는 이뻐만 하지 절대로 간식을 주지 않습니다. 오로지 "이리와-" 하고 불러서 그 목소리를 듣고서 왔을 때만 간식을 주며 칭찬하는 것입니다. 2~3일이면 웬만한 강아지는 척~척~ 알아듣지만, 행동을 강화시켜주기 위하여 일주일 정도는 100% 원칙대로 보여주는 것이 좋습니다. 물론, 일주일 교육이 끝난 뒤에도 원칙을 흐트러뜨리지 않는 것이 좋습니다. 간식을 줄 때는 이유 없이 주지 말고, "이리와-", "엎드려-", "기다려-" 등 간단한 명령을 하고 따랐을 때 주는 것입니다.

나는 아직 당신이 무엇을 원하는지 잘 모릅니다
내가 이해하고 숙달될 때까지
당신의 신호를 나에게 전달해 주는 목줄이
당신과 나에게는 좋은 친구입니다

| 야외에서

실내에서는 "이리와–"훈련이 상당히 쉽습니다. 친화만 잘 되어 있으면 강아지는 본능적으로 주인을 찾고 따르기 때문에 간식을 주지 않아도 부르기만 하면 달려옵니다. 문제는 강아지의 호기심을 자극하는 유혹적인 요소가 주변에 널려있는 야외에서 "이리와–" 하고 불렀을 때 하던 일을 멈추고 오느냐 하는 것입니다.

다른 어떤 매력적인 상대보다 주인의 목소리가 더 강아지에게 자극적이어야합니다. **조건반사**를 확실하게 습관화 시켜주는 것이 필요합니다. "이리와–" 하는주인의 목소리가 들렸을 때는 무조건 가야 한다는 습관을 심어주는 것입니다.

처음에는 긴 줄을 이용하고, 숙달된 다음에는 줄 없이 교육합니다. 처음에는조용한 환경에서 2~3일 교육하고 강아지가 100% 반응하면 강아지들이 많이 오는 공원이나, 낯설고 시끄러운 환경으로 데려가서 교육합니다. 역시 5~10m 정도의 긴 줄을 매어놓고 자유롭게 놀도록 놔 두었다가 무언가에 호기심을 보여가려고 할 때 "복실아 이리와–" 하고 부릅니다. 못 들은 척 자기가 하고 싶은 일을 계속 하려고 하면 즉시, 줄을 당겨서 자극을 줍니다. 마지못해서 오면 기분좋은 목소리로 "우리 복실이 착하네!" 가슴을 쓰다듬어 주며 간식을 줍니다.

나는 갑니다. 나를 보고 미소짓는 당신에게로

나를 이끄는 것은 당신의 사랑입니다

개똥 치우기보다 쉬운
강아지 길들이기

당신의 힘차고 즐거운 목소리는
나의 에너지-원입니다

일주일이면 충분히 숙달할 수 있습니다. 최종적으로 줄을 매지 않아도 부르면 즉각 달려와야 하는데, 강아지가 완전히 익숙해지기 전에는 섣불리 줄을 풀어주지 않는 것이 좋습니다. 한 번이라도 명령을 어기면 그것이 나쁜 습관으로 자리 잡을 수 있기 때문입니다. 100% 숙달되었을 때에 줄을 풀어주고 다시금 조용한 환경에서부터 시작합니다. 한 번이라도 불렀을 때 주춤거리거나 바로 오지 않으면 붙잡은 뒤에 줄을 매고, 처음부터 다시 한다는 마음으로 재교육하는 것이 좋습니다.

| 주의할 것!

절대로 불러서 왔을 때, 화를 내거나 기분 나쁜 표정을 짓거나 때리거나 하면 안 됩니다. 아무리 큰 잘못을 했더라도 (외출하고 돌아왔을 때 소파에 응아를 해 놓았더라도…) "이리와-" 하고 불러서 오는데 혼이 난다면, 강아지는 주인을 무서워하거나, 듣고도 못들은 척하거나, 오히려 도망가는 버릇이 생길 수도 있습니다.

강아지를 혼낼 일이 있을 때는 말없이 강아지에게 다가가서 꾸중을 해야지, "이리와-" 하고 불러서 혼을 내면 안됩니다. 강아지도 자기가 잘못하면 혼난다는 것을 기억합니다. 그러나 주인이 "이리와-" 하고 불렀을 때는 면죄부를 준다는 기억이 생기면, 혼날까 봐 풀이 죽어있다가도 "이리와-" 목소리를 들으면 신이 나서 달려옵니다.

따라

각측보행이라고 합니다,

주인과 나란히 걷는 것인데

강아지가 얼마나 교육을 받았는지

한눈에 파악할 수 있는 척도입니다

대부분의 강아지들은 주인보다 활동량이 많습니다. 주인보다 민첩하고 빠르며 더 많은 운동을 필요로 하는 것인데, 그래서 산책을 나갈 때 대부분은 강아지들이 앞장서서 주인을 이끌고 다닙니다. 아주 흔하게 보는 모습입니다. 그런데 이렇게 산책하는 풍경에서 그 강아지와 주인의 관계를 읽을 수 있고, 또 강아지에게 잘못된 습관이나 인식을 만들어 주기도 합니다.

늑대 무리가 사냥을 나설 때, 리더가 앞장을 섭니다. 강아지들의 무의식에서 산책은 주인과 함께 무리지어 사냥을 나서는 것입니다. 사냥은 늑대무리의 생존을 위해서 가장 중요한 의식입니다. 배부른 강아지도 자기가 모르는 잠재의식에서 사냥을 준비하면서 흥분하는 것입니다.

늑대무리가 사냥을 나설 때, 모든 결정은 리더가 합니다. 그런데 주인과 산책에 나서는 우리집 강아지는 흥분한 나머지 자기가 앞장섭니다. '나를 따르라' 하고… 그렇게 자기 가고 싶은 곳으로 주인을 이끌고 다니면서 열심히 사냥(?)을 합니다. 그러면서 자기가 무리의 우두머리라고 착각을 하는 것이죠…. (이것은 많은 동물행동학자들이 오랜 연구, 관찰결과로 발표한 내용입니다)

우리집 강아지가 주인을 무시하고 자기가 리더행세를 하면서 시끄럽게 짖거나 손님을 물거나 하는 여러 가지 문제행동을 일으키는 원인 중의 하나가 바로

"하나 둘-, 하나 둘-" 걸음마부터 시작합니다

이제 숙달된 당신과 나의 호흡.
우리 사이는 목줄보다 더 가깝습니다

개똥 치우기보다 쉬운
강아지 길들이기

잘못된 산책 습관에서 연유하는 것입니다.

잘 훈련된 안내견이나 경찰견들은 절대로 주인보다 앞장서서 걷지 않습니다. 모든 결정은 주인이 하고, 강아지는 주인의 결정을 따르는 것이지요. 그것이 각측훈련의 요체입니다. 우리집 강아지에게 리더의 존재를 각인시켜 주고, 언제나 주인의 말에 복종하는 얌전하고 착한 모범생으로 의식화 시킬 수 있는 것이 바로 "따라–" 훈련입니다.

천방지축 마음대로 뛰어놀지 못하고 주인을 졸졸 따라다니는 모습이 불쌍하다구요?

강아지의 심리를 몰라서 하시는 말씀입니다.

강아지는 홀로 있는 것보다 무리와 함께 있으면서 강력한 리더의 보호를 받는다고 느낄 때, 가장 평안하고 안정감을 느낍니다. 리더의 본능을 강하게 타고나는 강아지들도 있지만, 인간세상에서 강아지가 리더역할을 한다면 그 강아지도 엄청난 스트레스를 받을 수 밖에 없고, 역할이 뒤바뀐 주인도 필요 없는 스트레스에 시달려야 하는 것입니다. 그런데 의외로 이런 가정이 제법 많다는 것은 강아지를 인간으로 대접하면서 빚어지는 아이러니입니다.

나는 당신보다 힘이 셉니다
그러나
당신이 원하는대로
얌전히 당신과 보조를 맞춥니다

개똥 치우기보다 쉬운
강아지 길들이기

| 처음 시작할 때

화장실 훈련도 그렇고, "이리와–"훈련도 그렇고, 모든 훈련이 처음 어떻게 하느냐가 성패를 좌우합니다. 처음에 잘못된 습관을 들였다가 고치려면 강아지도 주인도 몇 배나 더 고생해야 합니다.

"따라–"훈련을 위해서 **줄을 매고 출발할 때부터** 중요합니다. 거실에서 줄을 매었다면 절대로 강아지가 먼저 문을 나서지 못하게 합니다. 강아지가 앞장서면, 가지 말고 기다립니다. 흥분한 강아지가 이끌다가 지쳐서 옆에 얌전히 돌아왔을 때 출발합니다.

강아지의 목줄을 감아서 왼손으로 최대한 짧게 잡고 강아지의 머리가 왼쪽 허벅지나 무릎 근처에 위치하게 다가섭니다. 강아지의 머리가 10cm만 앞으로 나가도 줄이 팽팽해지도록, 바싹 잡는 것이 좋습니다.

"따라–" (명령은 간단하게 하는 것이 강아지가 기억하기 좋습니다. "복실아 가자–", "복실아 따라–" 하는 것보다 단호하게 "따라–" 하면 강아지가 쉽게 반응합니다) 하면서 앞장서서 문을 나섭니다. 강아지가 앞장서려고 하기 쉬운데 목줄을 당기면서 **"안돼!"** 강한 톤으로 명령합니다. 그리고 그 자리에 서 버립니다. 강아지가 앞장서면 움직이지 않는 것입니다. 강아지가 얌전해지면 "따라–" 명령하면서 앞장서서 움직입니다. 몇 번 반복하면서 강아지가 먼저 움직이면 안된다는 것을 인식시켜 줍니다.

훈련은 한번에 10분을 넘기지 않는 것이 좋습니다. 강아지가 지루해하기 전에 끝내고 쉬었다가 다시 합니다. 한꺼번에 오래하는 훈련보다 조금씩 자주 하는 훈련이 효과적입니다.

강아지가 몸에서 10cm 정도만 떨어져서 붙어다니도록 보조를 맞추어서 걷는 연습을 합니다. 속도와 방향은 리더(훈련에서는 주인이라는 개념보다 리더라는 개념이 더 정확한 것 같습니다)가 결정합니다. 그러나 천천히 걷는 것보다는 빨리 걷는 것이 강아지의 집중력을 높여줍니다.

잘못했을 때는 "안돼-" 단호하게 말하면서 목줄을 당겨 신호를 줍니다. 목줄을 당기면서 강아지와 줄당기기 씨름을 하면 안됩니다. 정확히 표현하자면 목줄을 당기는 것이 아니라 살짝 채면서 강아지에게 신호를 주는 것입니다. 리더가 움직이지 않으면서 잘못되었다는 신호를 강아지에게 전달하는 것입니다.

그리고 강아지가 의도대로 잘 따라 했을 때, 밝은 목소리로 "옳지!" 하고 격려해주고 가슴을 쓰다듬어 줍니다. (머리를 쓰다듬어 주면 고개를 숙이는 습관이 생길 수 있으므로 가슴을 쓰다듬어 주는 것이 좋습니다)
될 수 있으면 "안돼-" 하면서 강아지를 긴장시키고 기를 죽이는 것보다 "옳지!" 하면서 격려하고 칭찬하는 것이 좋습니다. 강아지가 기분좋게 꼬리를 살랑살랑 흔들면서 따라오는 것이 교육효과가 높습니다.

당신의 발걸음이 빨라지면
나의 발걸음도 빨라지고,
당신의 걸음걸이가 당당해지면
나의 걸음걸이도 당당해집니다

| 숙달

항상 줄을 짧게 잡고 왼쪽 무릎 근처에 강아지 앞다리가 위치하게 한 상태에서 움직입니다. 강아지가 왼쪽에 있으면 오른손을 자유롭게 쓸 수 있습니다. 만일 주인이 왼손잡이라면 강아지를 오른쪽 무릎에 위치시켜서 훈련하여도 무방합니다.

훈련기간 동안 언제나 강아지 앞다리가 리더의 몸에서 벗어나지 않도록 합니다. 옆에 바짝 붙어서 따라다니는 것이 습관이 되게 합니다. 오래 반복하다 보면 경찰견이나 안내견처럼 붙어다니게 할 수도 있습니다. 우리집 강아지는 그 정도는 필요없다 생각하시면 일주일 정도 훈련으로도 나란히 산책하는 정도는 멋지게 해낼 것입니다.

최종적으로 줄 없이 훈련해 봅니다. 충분히 숙달된 후에, 처음에는 조용한 환경에서 줄을 풀고 똑같이 "따라-"해서 줄이 있는 것처럼 붙어서 따라오면 성공입니다. 다음에는 조금씩 번잡한 환경으로 옮겨가면서 훈련합니다. 어떠한 유혹에도 흔들리지 않고 곁을 지켜준다면 졸업입니다. 조금이라도 유혹에 흔들리는 기색이 있으면, 나쁜 습관이 생기기 전에 줄을 매고 산책합니다.

다섯 번째, 기본예절교육

서

가장 간단한 명령

가장 간단한 동작

가장 쉬우면서도 내공이 필요한 훈련

아직은 단호한 당신의 목소리 톤
단호한 손짓
단호한 목줄의 도움이 필요하지만
금방, 나는 배울 것입니다
그때는 말하지 않아도, 손짓하지 않아도, 목줄이 없어도
나는 당신의 마음을 읽을 것입니다

가다가 서는 동작,

가까이 있을 때는 가르치기도 쉽고 잘 합니다.

그러나 멀리 떨어져 있을 때도 "서!-" 한마디에 얼어붙게 만들려면 제법 훈련이 필요합니다.

"따라-"해서 보행을 하다가 오른손을 펴서 강아지의 얼굴 앞에 대면서 (목줄을 등과 수평으로 꼬리방향으로 당기면서) "서-" 명령을 내리고 섭니다.

리더가 서면 강아지도 같이 서게 됩니다.

즉각적인 반응을 위해서 손바닥으로 얼굴을 막아주는 것입니다. 잘하면 "옳지!" 하고 칭찬으로 행동을 강화해 줍니다. ("서-"를 훈련하기 전에 "앉아-"를 훈련하면 앉는 것이 습관이 되어서 "서-" 했을 때 자동으로 앉아버리기 쉽습니다. 그래서 '서-'를 먼저 훈련시켜야 합니다)

앉아

강아지가 가장 쉽게 취하는 동작

훈련하기도 쉽다

강아지가 흥분하거나 짖을 때

한마디로 제압할 수 있는 효과가 있다

"서-"나 "앉아-"까지 훈련시켜야 하나? 하는 궁금증이 생길 수도 있습니다. 그냥 보여주기 위한 훈련이 아닐까? 하고 소홀히 할 수도 있는데, 차가 달려오는 길 위로 강아지가 달려가려 하는 순간 **"서!"** 한 마디로 우리 강아지의 생명을 구할 수도 있는 것입니다. 그리고 낯선 손님이나 강아지에게 덤벼들려고 하는 찰나에 **"앉아!"** 한 마디로 우리 강아지가 얌전해진다면 우리 강아지 때문에 속상하거나 화 날 일이 많이 줄어들 것입니다. 주인에게 혼날 일이 줄어드니 우리 강아지에게도 행복한 일이구요!

"따라-" 하고 보행하다가 서면서, "앉아-" 하고 명령합니다. 이때는 맛있는 간식을 이용하는 것이 효과가 있는데, 오른손으로 손가락 작은마디 정도(씹지 않고 삼킬 정도)의 간식을 움켜쥐고 강아지 코앞에 갖다 대고 재빨리 머리 위로 치켜 올립니다. 강아지는 머리위의 간식 냄새를 맡고 눈으로 확인하느라 머리를 치켜들면서 몸을 숙여 앉게 됩니다. 머리만 치켜들고 앉지 않는다면 왼손으로 살짝 엉덩이를 눌러 앉혀도 됩니다. 완벽하게 앉는 자세를 잡기 전에는 간식을 주지 않습니다. 입을 간식에 가져다대면 **"안돼!"** 하고 못 먹게 합니다. 정확하게 앉는 자세를 취한 다음에 간식을 입안에 넣어주고 가슴을 쓰다듬어주며 칭찬과 격려를 합니다. 몇 번만 반복하면 쉽게 익힙니다. 숙달되면 간식 없이 훈련합니다. 가끔 간식을 주고 칭찬을 하면서 행동을 강화시켜 줍니다.

처음 배울 때에는
제가 똑바로 하는지 지켜보시고
올바른 자세로 교정해 주세요.
(처음 버릇 들이기는 쉬워도,
나쁜 습관이 생기면 고치기는 힘들답니다)

개똥 치우기보다 쉬운
강아지 길들이기

완전히 숙달되면, 1m 정도 떨어져서 마주보고 "앉아-"명령을 내립니다. 처음에는 간식을 주면서 집중력을 높여주는 것이 좋을 것입니다. 마찬가지로 숙달되면 간식 없이 습관이 되게 합니다.

마지막으로 줄을 놓고 저만큼 떨어져서 명령을 내리고 훈련합니다.
언제 어디서든 "앉아-"소리가 들리면 무조건 앉도록 숙달되면 졸업입니다.

당신의 칭찬이 좋아서
나는 당신이 가르쳐 준 자세를 기억합니다

개똥 치우기보다 쉬운
강아지 길들이기

엎드려

강아지의 휴식자세

엎드려 훈련이 되어 있으면

쉬고 싶을 때

강아지도 주인도 편안히 쉴 수 있다

이렇게 하면 되남유…

개똥 치우기보다 쉬운
강아지 길들이기

"앉아-"에서 연결되는 동작이 "엎드려-"입니다. 의식이 있는 상태에서 강아지가 휴식을 취하는 자세가 엎드려 있는 모습이기에, 강아지를 엎드려 시켜놓으면 꼼짝을 못하게 됩니다.

　"따라-" 하고 보행을 하다가 서면서, "엎드려!"명령을 내립니다. 동시에 오른손으로 간식을 강아지의 코끝에 갖다 대었다가 재빠르게 강아지의 앞발 앞으로 내려갑니다. 왼손으로 잡고 있는 목줄을 땅으로 내리면서 엎드려 자세를 유도합니다.
　마찬가지로 완벽한 엎드려 자세기 니오기 전에는 간식을 주지 않습니다. 처음에 몇 번은 힘들겠지만 한번만 강아지가 제대로 자세를 취했을 때 충분히 칭찬해주고, 차츰 반복하면 "앉아-"처럼 쉽게 숙달할 수 있습니다.

　보행하면서 "엎드려-"가 숙달되면 그 다음에는 마주보고 서서 "엎드려-"를 가르칩니다. 오른손 손바닥을 펴서 땅으로 내리면서 왼손으로 목줄을 땅으로 잡아내립니다. 익숙해 질 때까지는 간식으로 집중하게 하고 칭찬과 격려로 강화시켜줍니다. 익숙해지면 간식 없이 훈련합니다.

　간식 없이도 익숙해지면 "엎드려-"라는 구령을 빼고 손동작만으로 "엎드려-"를 할 수 있도록 훈련합니다. 익숙해지면 줄을 놓고 저만치 떨어져서 처음에는 구령을 넣고, 나중에는 구령 없이 손동작만으로 "엎드려-"를 할 수 있으면 졸업입니다.

기다려

참을성 훈련입니다.

기다려 훈련이 잘 되면

주인이 외출하여도

강아지는 스트레스 없이 잘 지냅니다

눈에 보이는 곳에서 10초 동안 기다릴 수 있는 강아지는 점차로 익숙해져서 주인이 하루 종일 외출하고 돌아와도 의젓하게 기다릴 줄 알게 됩니다.

당장 눈앞에 맛있는 간식이 있어도 리더의 명령이 내려야 먹을 수 있다는 복종심을 길러 주는 훈련이며, 잠시 눈앞에서 사라진 리더가 기다리면 반드시 돌아온다는 믿음을 주는 훈련입니다.

| 기본 훈련

"따라-" 하고 보행하다가 "엎드려-"한 다음에, 오른손 손바닥을 강아지의 눈앞으로 펴 보이면서 **"기다려-"** 명령합니다. 그리고 천천히 강아지 앞으로 몸을

제 폼 어때유

개똥 치우기보다 쉬운
강아지 길들이기

언제까지 기다려야 하남유

이 줄의 길이는 당신과 나의 믿음의 길이입니다
조만간 눈에 보이지도 않도록 무한대로 늘어나겠지요

움직입니다. 강아지가 따라 움직이려고 하면 즉시, 왼손으로 목줄을 낚아채면서 **"안돼-!"** 움직이지 말라는 신호를 줍니다. 강아지와 마주보는 상태까지 움직일 동안 강아지가 가만히 기다리면 성공한 것입니다. 칭찬하고 격려해 줍니다.

처음에는 천천히 조금씩 몸을 움직이고 강아지가 익숙해지면 속도를 빨리 합니다. 마주보고 설 때까지 강아지가 가만히 있으면, 왼손으로 줄을 풀면서 뒤로 조금 물러납니다. 이때 줄은 대각선 위쪽으로 팽팽하게 당깁니다. 강아지가 조금이라도 움식이는 기세가 있으면 바로 **"안돼-"** 하고 다가서서 움직이지 못하게 합니다.

점차로 뒤로 물러나는 거리를 늘립니다. 줄 끝까지 물러난 다음에는 마주보며 기다리는 시간을 조금씩 늘여갑니다. 1분 정도 가만히 기다릴 수 있다면 기본훈련은 끝난 것입니다.

| 응용 훈련

2단계 훈련은 리더가 보이지 않아도 기다리는 훈련입니다. 그 전에 줄을 놓고 기다리는 훈련을 합니다.

기왕이면 편한 자세로…

개똥 치우기보다 쉬운
강아지 길들이기

"엎드려-"훈련과 마찬가지로 줄 없이, 손짓만으로 "기다려-"가 가능하다면 맛있는 음식이나 다른 강아지로 유혹해 봅니다. 리더는 멀리서 지켜보다가 강아지가 조금이라도 움직이는 낌새가 있으면 바로 **"안돼-!"** 단호하게 소리쳐서 움직이지 못하게 합니다.

리더의 "이리와-"명령이 있을 때까지, 5~10분 정도 꼼짝 않고 있을 정도가 되면 다음 단계로 넘어갑니다.

"기다려-"명령을 내리고 리더가 사라지는 것입니다. 물론, 강아지 눈에는 안 띄는 곳에 숨어서 지켜봐야 합니다. 강아지가 리더의 존재를 전혀 눈치채지 못하는 상태에서 지켜보다가, 강아지가 움직이려 하면 바로 **"안돼-"**소리쳐서 움직이지 않게 합니다.

10분 동안 리더가 보이지 않아도 움직이지 않는다면, 우리집 강아지는 강아지 대학교를 졸업한 것입니다. 졸업장으로 맛있는 간식과 칭찬을 듬뿍 안겨주어도 좋습니다.

하우스

강아지가 자기 집을 좋아하게 하는 훈련이다.

강아지가 편히 쉴 수 있는 공간을 가지면

강아지도 행복하고 주인도 편하다.

거실이 아무리 넓어도

강아지는 자기만의 공간이 필요하다

화장실 훈련에서 이미 설명한 내용의 반복이기도 하지만, 우리집 강아지를 편안하고 행복하게 하는 중요한 방편의 하나이므로 다시금 강조하는 훈련입니다.

옛날 마당에 풀어서 키우는 강아지들이 넓은 뜰 마다하고 왜 어두컴컴한 툇마루 밑에서 쉬고, 잠을 자고 했을까요? 늑대로부터 물려받은 강아지의 본능으로, 침입자들이 언제 들이닥칠지 모르는 넓은 공간보다는 **좁고 막혀있는 공간이 강아지에게 심리적인 안정감을 주기 때문에** 선호하는 것입니다. 우리집 거실이 아무리 넓고 편안하나 해도 강아지는 자신의 몸을 숨길 수 있는 공간이 있으면 더 편히 쉴 수 있는 것입니다.

그리고 집에 손님이 왔을 때에, 거실 전체를 자기 공간으로 인식하는 강아지는 낯선 침입자를 쫓아내기 위하여 사납게 짖어대기 마련입니다. 앞에서 배운 "앉아-", "엎드려-", "기다려-"명령으로 강아지를 통제할 수는 있겠지만, 낯선 침입자로 인하여 불편한 강아지의 마음을 완전히 풀어주는 방법은 자기만의 공간에서 쉬게 하는 것이 가장 좋을 것입니다.

3장의 '화장실 사용법'에서는 자발적으로 케이지에 들어가게 유도하는 것이었지만, 5장에서는 훈련법을 다루는 것이므로 강아지가 명령에 따라서 자기의 집으로 들어가게 하는 방법을 연습 하겠습니다.

우리집 부럽죠…

개똥 치우기보다 쉬운
강아지 길들이기

강아지를 "앉아-"나 "엎드려-"상태에서 "기다려-"명령을 줍니다. 강아지가 좋아하는 간식이든 장난감이든 식사든 가지고 강아지의 이목을 끕니다. 그것을 강아지의 집 안에 집어놓고 "하우스-"명령으로 들어갈 수 있게 합니다. "하우스-" 명령 이전에는 못 들어가게 합니다. 산책이든 훈련이든 마치고나서 강아지가 쉬고 싶을 때, "하우스-" 하고 나서 집안에다가 좋아하는 간식을 넣어주고 편히 쉴 수 있도록 합니다. 처음에는 문을 닫지 말고 며칠 동안 훈련한 다음 강아지가 자기집에 대한 애착이 충분히 형성되면 식사 중에, 취침시간에 조금씩 문을 닫아두고 그 시간을 차차로 늘여갑니다.

자기집에 적응한 강아지는 문을 닫아두어도, 조금 있으면 주인이 문을 열어줄 것을 이해하기 때문에 낑낑거리지 않고 편안히 쉽니다.

손님이 왔을 때는 케이지 문을 닫아두면, 강아지는 낯선 침입자와 자기 사이에 문이 닫혀 있으므로 오히려 편안하게 쉴 수 있습니다. 혹시나 강아지가 짖는다면 이불이나 큰 담요로 케이지를 덮어서 어둡게 만들어 주고 짖더라도 무시하는 것이 좋습니다.

강아지가 쉬-나 응아가 마려워서 낑낑거리며 의사표시를 할 경우가 있습니다. 케이지 문을 닫아둘 때는 잘 관찰하여 강아지가 불편해하면 바로 문을 열어줍니다. 그리고 평소에는 문을 열어두고 손님이 왔을 때나, 가족들이 조용히 쉬고 싶을 때 등 필요한 경우에만 닫아두는 것이 좋습니다.

개똥 치우기보다 쉬운
강아지 길들이기

이 공간은 나만의 둥지랍니다

밖에서 보면 감옥 같지만
당신이 언제 열어주는지를 알기에
그동안 나는 편안히 쉴 수 있답니다

개똥 치우기보다 쉬운
강아지 길들이기

당신이 부를 때까지
나는 이곳에서 기다립니다. 당신을…

개똥 치우기보다 쉬운
강아지 길들이기

©한국애견협회

여섯 번째,

멋진 반려견
만들기

우리집 강아지가 개줄에 묶여서 단순히 집 지키는 존재라면

반려견이라는 호칭을 쓰기가 낯간지러울 것입니다.

반려견이라면 가족의 일원으로 대한다는 의미입니다.

맛있는 먹이나 간식을 주면서 강아지의 복종심을 기를 수 있고,

함께 신나게 뛰어놀면서 강아지와 깊은 애정, 우정을 쌓을 수 있습니다.

힘차게 달리면서 스트레스를 풀어버린 강아지는

집에 돌아와서는 얌전하고, 복종훈련을 시키면 척척~ 해내는

모범생이 될 확률이 높아집니다^^

입양

강아지 한 마리가 우리집 식구가 되는 것은

우리집에는 작은 사건이나

강아지에게는 천지개벽과 같은 일이다.

행복한 가정에서 자란 강아지는

미소를 배운다

입양이라 함은 한 식구로 묶인다는 의미입니다. 물론 강아지가 사람이 아니라 동물이고, 동물은 주민등록번호도 없고, 그 생명권을 법적으로 보장받지도 못합니다. 옛날에는 여름 복날에 잡아먹기 위해서 가을이나 겨울쯤에 어린 강아지를 장날에 사오기도 하였습니다.

그러나 이 책을 지금까지 읽고 계시는 분들은 우리집 강아지를 맛있게 요리하는 법을 배우려고 시간을 투자하고 계신 분은 없을 것입니다. 강아지를 싫어하시든 분들도 어찌어찌 집안에 어린 강아지가 들어와서 같이 살다보면 정이 들어, 차마 보신탕 집에 못 가겠다 하시는 분들이 많습니다. 말 못하는 어린 강아지 한 마리가 생명의 의미를 온몸으로 이야기해 주고 있는 것입니다.

'악화가 양화를 구축한다'란 말이 있습니다. 나쁜 물건이 널리 통용되면 좋은 물건이 설 자리를 잃고 자취를 감추게 된다는 사회현상을 이야기 하는 것인데, 강아지 입양에도 이 원리가 작용하고 있습니다. 인터넷이나 애견샵에서 분양 가격이 싸다고, 쉽게 반려견을 입양하겠노라고 결정하면, 그 강아지의 엄마개와 아빠개가 어떤 환경에서 어떻게 생활하고 있는지, 엄마개가 어떤 먹이를 먹으면서 어떻게 강아지를 낳아 키웠는지 알 수가 없습니다. 엄마개가 얼마나 건강한지, 예방접종은 과연 제대로 하였는지 모른 채, 뒤뚱거리는 강아지가 귀엽고 이쁘다고 데려왔다가, 시름시름 앓거나 심각한 유전병이 발견되거나 하는 경우들이 왕왕 있습니다. 어미로부터 너무 일찍 격리되거나, 우리가 좁고 불결하여 제대로 사회화교육을 못 받거나, 무계획적인 교배로 유전적 질병을 가지고 태어나

나는 지금 세상을 맛보는 중입니다

개똥 치우기보다 쉬운
강아지 길들이기

그런데 벌써 또 졸립니다

거나 하는 문제 때문에, 입양한 강아지가 친화 사회화에 실패하고 결국에는 유기견으로 버림받는 경우가 적지않은 현실입니다.

비위생적인 환경에서 제대로 대접받지 못하고 자란 강아지들이 자꾸만 새끼를 낳고, 그 새끼들이 쉽게쉽게 분양이 된다면, 강아지 분양사업을 하시는 분들은 키우는 강아지들의 쾌적한 생활환경과 깨끗한 사료와 물 같은 동물복지에 대해서 무관심하게 되고, 투자를 하지 않게 됩니다. 열악한 환경에서 강아지를 마구마구 키우는 분들이 돈을 벌게 되고, 강아지 대접도 못 받는 강아지들이 늘어나게 됩니다!

우리집 강아지를 사랑하는 만큼, 강아지족 전체의 보다 나은 생활환경을 생각하신다면, 입양을 하실 때는 신중을 기해주시길 부탁드립니다. 좋은 환경에서 좋은 사료를 먹으면서 친화-사회화 교육도 받고 자란 품성 좋은 엄마개와 아빠개 사이에서 태어나 행복하게 살고 있는 집의 강아지를 찾아서 입양하시길 바랍니다.

시간도 들고 번거롭고 귀찮더라도, 우리집 강아지의 좋은 품성과 앞날의 행복을 위해서 엄마개, 아빠개의 생활환경을 직접 눈으로 확인하고 그 강아지를 분양하는 것이 당연시되는 사회로 우리나라가 발전하기를 기도합니다! (우리나라 반려견 문화의 발전을 위해서 꼭 필요하다고 봅니다)

그리고 우리나라뿐만 아니라 전 세계적으로, 키우던 반려동물들을 유기하는 것이 사회문제로 대두되고 있습니다. 좋은 환경에서 충분한 교육을 받고 성장한 강아지들도 주인의 실수로 잃어버리거나, 강아지의 실수로 가출을 하거나, 이런저런 사정으로 주인과 헤어져서 동물보호소에 잡혀오는 강아지들이 연간 5만 마리나 됩니다.

2008년 51,188마리
2009년 49,514마리
2010년 57,893마리 (농림수산식품부 동물보호관리시스템 통계)

2010년의 자료를 살펴보면,

유기견	57,893마리
집 잃은 고양이, 유기묘	42,093마리 중에서
주인을 찾아서 집에 돌아간 행운아	6,884마리
새로운 주인에게 분양되어 간 것이	25,096마리
동물보호소에서 자연사	19,066마리
안락사	26,996마리.

유기견보호소에 가서 정에 굶주린, 상처받은 생명 중에서 특별한 인연을 찾아보는 것도 좋은 입양의 방법일 것입니다.

주인님 어디 계셔요.

"

당신은 어디에 계신가요… ?

"

주인님 어디 계셔요.

예방접종

사람도 강아지도 천수를 누리기 위해서

예방접종은 필수다

치료보다는 예방이

쉽고 편하고 경제적이고 지혜롭다

자연상태에서 생활하는 늑대의 평균수명은 6~8년 정도라고 합니다. 그리고 2백 년 전의 조선시대에는 아마도 강아지들의 평균수명도 비슷했을 것입니다. 그 적에는 사람들의 평균수명도 40세 남짓이었습니다. 그래서 만 육십 년을 살면 장수했다고 거창하게 잔치를 벌여 축하한 것이 '환갑'잔치입니다. 오늘날에는 회갑을 맞이한 어르신은 노인 축에도 들지 못하고, 마을의 노인정에 얼씬거리지도 못합니다. 그만큼 근, 현대 과학과 의학이 빠른 속도로 발전했고, 인류의 생활환경이 산업혁명 이전과는 그야말로 '혁명적'인 변화를 맞은 것입니다. 그러한 혜택은 인류와 운명공동체가 된 강아지족들도 약간의 시차를 두고 같이 누리게 되었습니다.

아직도 인류의 절반에 가까운 사람들이 하루 1달러 이하의 수입으로 의료혜택과는 담을 쌓고 살아가고 있다고 합니다. 우리집 강아지에게 대한 애정의 크기만큼 쾌적한 환경과 예방접종 치료를 제공해 주되, 거기에서 일정부분을 공제해서, 유기견이나 아프리카의 전쟁고아들처럼 최소한의 삶의 조건을 보장받지 못하는 생명들에게 우리집 강아지의 이름으로 기부를 하는 것은 어떨는지요? 물론 강아지도 하는데 주인이 가만있을 수는 없지요!

| 예방접종

조선시대, 임금님처럼 무서운 존재였던 천연두 마마가 1960년대 이후로는 우리나라에서 사라졌습니다. 전 국민이 예방주사를 맞으면서 마마균이 숨을 데가 없어진 것이지요. 그러나 강아지들의 전염병은 야생상태로 지내는 동물들을 통하여 전염되기 때문에 우리집 강아지가 안심하고 다른 동물들과 코를 맞대며 놀기 위해서는 제때 예방접종을 해 주어야 합니다.

강아지가 태어나자마자 먹는 엄마개의 초유에는 면역항체가 들어있습니다. 생후 6주가 지나면, 모체이행항체의 면역력이 떨어지기 시작하므로 이때부터 종합백신(DHPPL)을 2주 간격으로 5차까지 접종합니다. 더불어서 코로나, 켄넬코프, 광견병 예방주사를 놓아줍니다. 단골 동물병원을 정하고 수의사선생님이 강아지의 상태를 확인하면서 놓아주는 것이 안전할 것입니다. 특히 광견병은 사람에게도 옮길 수 있고 발병하면 사망률이 높은 가축법정전염병이므로 꼭 예방접종을 하고 예방접종증서를 챙겨두는 것이 좋습니다.

| 기생충 예방

맨발로 풀밭이나 숲속에서 뛰어노는 것을 즐기고, 아무것이나 입으로 가져가서 집어삼키기를 좋아하는 강아지의 특성상, 사람보다 기생충 감염확률이 높은 것은 당연하다 하겠습니다. 그리고 강아지들은 모체에서 기생충에 감염되어 태어나는 경우도 많은 편입니다.

강아지의 기생충은 벼룩이나 진드기 같은 외부 기생충, 회충 원충 같은 내부 기생충, 그리고 모기에 의해서 전파되는 심장사상충의 세 가지로 분류됩니다. 외부 기생충과 심장사상충은 월 1회, 내부 기생충은 2~3개월에 한 번씩 구충을 해주면 좋습니다. 먹거나 바르는 구충약 중에서 복합적으로 작용하는 것들도 있습니다.

식사예절

한식구란 같이 둘러앉아 먹는 공동체

같이 먹으면서 정이 쌓인다

우리집 강아지에게 맛있는 밥을 주면서

존경심과 애정을 획득하자

"
밥 주세요
"

의, 식, 주 중에서 무엇이 제일 중요한 것일까요? 사람마다 생각이 조금씩 다를 수도 있겠지만, 강아지들에게 물어본다면 단연코 먹는 것에 목숨을 걸 것입니다. 그렇습니다. 강아지는 옷 없이도 살고, 집이 없어도 좋아하는 먹이만 풍부하다면 보기에는 딱해보여도 스스로는 만족하며 행복하게 살아갈 수 있는 존재입니다. 그리고 먹는 것이야말로 강아지와 주인을 연결해주는 가장 중요한 연결고리입니다.

우리가 어버이를 존경하고 따르는 가장 큰 이유가 무엇인가요? 우리를 낳아준 이유를 뺀다면, 먹여주고 재워주고 키워준 고마움이겠지요.

바로 그런 어버이에 대한 고마움과 존경심을, 우리집 강아지는 자기를 먹여주고 보호해주고 놀아주는 주인에게 보내는 것입니다. 인간과 강아지족의 기본유대관계가 싹튼 것이 바로 먹여주는 관계에서 시작된 것입니다.

늑대새끼가 성장하면 스스로 사냥을 해서 먹는 문제를 해결하는 것과는 달리, 어린 강아지가 성견이 되어도 여전히 주인이 먹이를 해결해 주는 것이 아마도 강아지들이 늙어죽을 때까지 주인에게 어리광을 피우는 가장 큰 이유일 것입니다. (고양이를 관찰하면, 사냥능력이 있는 고양이와 사냥능력을 상실한 고양이가 주인을 대하는 태도가 달라지는 것을 알 수 있지요^^)

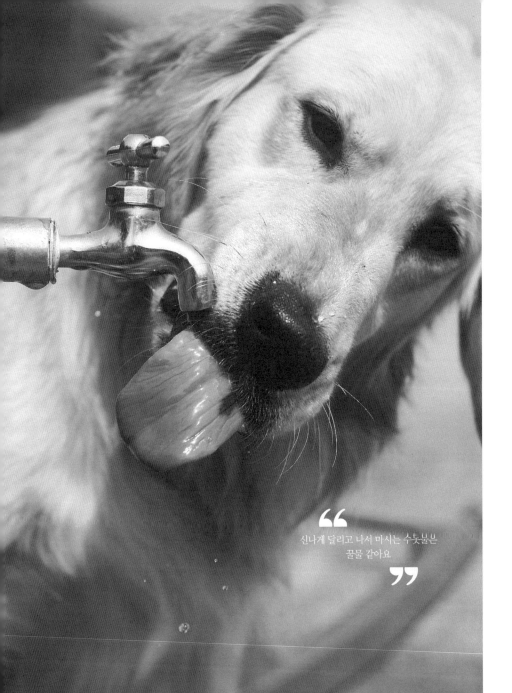

신나게 달리고 나서 마시는 수돗물은
꿀물 같아요

강아지 교육과 친화의 가장 중요한 포인트, 요점이 여기에 있습니다.

우리집 강아지가 좋아하는 맛있는 것을 주면서 친화도 할 수 있고, 사회성도 키울 수 있고, 여러 가지 복종훈련도 할 수 있습니다. 처음 입양한 강아지에게 맛있는 식사와 간식을 챙겨주면서 주인과의 친화가 형성되는 것입니다. 집안의 모든 식구들이 간식을 주면서 어루만져 주고 이쁘고 착하다고 칭찬해주면 강아지는 자신의 지위가 집안에서 가장 낮다는 것을 인식하고 받아들이게 됩니다. 이럴 때 중요한 것은 강아지를 공주님이나 왕자님처럼 떠받들지 않고, "앉아~", "기다려~", "손~" 등의 간단한 복종훈련을 하면서 먹이를 주는 것입니다. 주인의 명령을 따라야 먹이를 얻을 수 있다는 것을 인식시켜 주는 것이지요. 며칠 만에 자연스럽게 강아지의 복종심을 형성하게 됩니다.

낯선 사람을 경계하고 짖는 습관도, 낯선 손님에게서 맛있는 간식을 얻어먹는 경험을 통하여 차츰차츰 완화시킬 수 있습니다. 이런 사회화 경험은 강아지가 어릴수록 쉽고 효과적입니다. 성견이 되어서 심하게 짖는 문제행동을 수정하는 것 역시 시간은 걸리지만 가능합니다.

그리고 친화하는 요령과 같이 강아지 교육에서도 맛있는 간식은 중요한 매개체이자, 강아지의 강력한 자발적 동기를 불러일으킵니다. 친화가 잘 되어 있을

눈밭에서 먹는 점심도 맛있어유

수록, 강아지는 주인을 기쁘게 하기 위하여 스스로 교육에 열성을 보이기도 합니다.

강아지가 집중적으로 교육을 받는 기간에는 영양 많고 질 좋은 간식을 주는 만큼 식사량을 줄여줄 필요도 있습니다. 요즈음은 영양부족으로 마른 강아지보다 넝낭빠잉으로 비만인 강아지가 오히려 증가하는 추세입니다.

재삼 강조하지만, 주인과 강아지의 올바른 관계를 형성하는 연결고리인 만큼, 강아지의 문제행동을 일으키는 원인으로도 작용하는 것이 식사예절입니다. 가만히 있으면 주인의 손에서 자동으로 먹이가 나오는 것이 아니라, 주인의 명령을 잘 따라야 먹이를 얻을 수 있다는 것을 강아지가 인식하면, 편식을 하거나 맛없는 사료를 거부하며 단식을 하는 투정을 부리지 못합니다. 기본적으로 많은 사료를 가득 부어놓고 맘대로 먹게 하는 자율급식 보다는, 정해진 시간에 식사를 주고 10분 정도 지난 다음에는 남겨도 치워버리고 다음 식사시간까지는 주지 않는 습관이 좋습니다.

강아지의 밥그릇은 식사시간에만 주는 것이 좋고, 물그릇은 항상 깨끗한 물이 담겨 있는 것이 좋습니다. 화장실 훈련기간 중에, 지정된 화장실에서 소변을 보는 습관이 정착될 동안에는 식사시간에만 물을 주기도 합니다.

" 맛있겠다! "

이놈아, 찬물도 위아래가 있는 법이여

여섯 번째, 멋진 반려견 만들기

아파트에서 반려견 키우기

이웃집과 벽 하나를 사이에 두고 있는 아파트에서

반려견이 말썽꾸러기가 되지 않으려면

사람들의 예절에

보다 익숙해져야 한다

우리나라에서 반려견이나 다른 애완동물을 키우는데 가장 큰 애로사항이 바로 아파트라는 주거형태일 것입니다. 우리집 강아지가 "앙- 앙-"거리는 것이 우리 가족에게는 귀엽게 보일지라도 이웃집에는 소음이 됩니다. 해마다 많은 강아지들이 짖는 문제 때문에 정든 주인집에서 쫓겨나기도 하고, 성대제거수술을 받기도 합니다.

친화와 사회화 그리고 복종훈련이 잘되어 있다면 강아지는 목에 칼을 대지 않아도 되고, 하늘같은 주인님과 생이별을 하지 않아도 됩니다. 기르는 강아지 때문에 아파트에서 정원이 있는 교외의 주택으로 이사를 하시는 분들도 제법 계시지만, 더욱 많은 가정에서 정든 강아지를 포기하는 현실입니다.

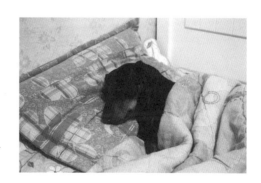

여기가 제 방이랍니다

이쁘게 해 주세요

개똥 치우기보다 쉬운
강아지 길들이기

아파트에서 반려견을 키울려면, 더욱 철저한 준비와 교육이 필요합니다. 처음 입양할 때부터, 어린 강아지일 적에 나쁜 습관이 자리 잡지 못하도록 엄격하게 교육을 시켜야 합니다. 물론 경험 없이 처음부터 엄격하게 강아지를 대하다보면 강아지가 주눅 들고 강박장애가 형성될 수도 있습니다. 처음 한두 달 동안은 세심하게 강아지를 관찰하면서 올바른 품성이 몸에 배도록 교육하고 격려하고 칭찬합니다. 격려와 칭찬으로 원하는 행동이 강화됩니다. 그러나 바람직하지 못한 행동에는 단호하게 "안돼-" 하면서 질책도 하여야 합니다. 질책보다는 칭찬의 비중이 높아야 하고, 특히 소심하고 내성적인 강아지에게는 특히 꾸중을 조심해서 해야 합니다.

가능하다면 이웃집 사람들과도 친화할 수 있는 기회를 만들어 줄 수 있으면 좋습니다. 강아지는 자주 보는 사람의 발자국소리도 기억하기 때문에 문밖의 소리가 자기가 아는 사람일 때는 경계하거나 짖지 않고 무덤덤합니다. 집에 자주 오는 우체부나 택배회사 직원하고도 친화를 해 두면 좋고, 친화가 되지 않았더라도 먼저 짖고 달려 나가지 못하게 "앉아-", "엎드려-" 등으로 제어를 합니다. 짖으면 **"안돼-"** 하면서 바로 제지합니다. 아주 특별한 일이 아니면 짖지 않도록 평소에 습관을 들입니다.

멋있어 진다는데 참아야지… 음…

개똥 치우기보다 쉬운
강아지 길들이기

산책을 하면서도 다른 사람들이나 강아지를 보고 짖으면 바로 제지를 합니다. 다른 강아지를 따라 짖더라도 "앉아-", "엎드려-" 등의 명령으로 주의를 환기하고, 간식을 주거나 장난감을 주면서 주인의 명령에 집중하게 합니다. 아파트에서 생활하는 강아지라면 짖는 습관을 들이지 못하도록 철저하게 교육하고 감독해야 합니다. 몇 달만 집중적으로 교육을 하면 강아지가 이해하고 따르게 됩니다. **주인의 일관되고 단호한 모습**이 절대적으로 요구됩니다.

산책을 나가고 들어올 때, 리더줄을 짧게 잡고 얌전하게 따라 걷게 합니다. 강아지를 싫어하는 이웃들에게 불편함을 주지 않으면, 싫은 소리를 듣지 않게 됩니다. 공원에서도 사람들이 있을 때에는 짧게 잡고, 아무도 없는 넓은 공간에서 느슨하게 풀어줍니다.

아파트에서 편하게 지내기 위해서는 강아지가 아예 사람에게 반갑다고 뛰어오르는 습관을 못 들이게 교육하는 것이 좋습니다. 주인이나 손님에게 뛰어오르는 순간에 바로 "안돼-" 제지하고 "앉아", "기다려" 하고나서 얌전해지면 칭찬해주고 간식을 줍니다.

강아지의 대소변 장소도 될 수 있으면 사람들이 잘 다니지 않는 외진 곳으로 정하고, 응아를 한 다음에는 바로 비닐봉지를 이용하여 치웁니다. (아파트 내 정원에서는 다른 강아지가 실례한 증거물이라도 보이면 바로 치워주는 것이 좋습니다. 우리를 뒤따라 산책하던 사람이 그것을 보았을 때는 우리 강아지의 소행으로 오해하기도 합니다^^)

내 발톱, 안 아프게 깎아주세요

안 빗고, 안 깎고, 생긴 대로 살면 안 되나요

샴푸가 눈이나 귀에 들어가지 않게 조심해 주셔요

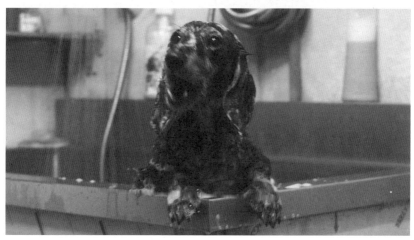

깨끗하게 헹구고, 털을 잘 말려 주셔요

개똥 치우기보다 쉬운
강아지 길들이기

털을 빗질하고, 발톱을 깎아주고, 목욕을 하는 것도 어려서부터 습관을 들이면 거부감 없이 쉽게 받아들입니다. 빗질은 하루에 5분씩, 매일 해주면 강아지의 털도 정갈하게 윤이 나고 혈액순환도 좋아지고 피부도 튼튼해집니다. 목욕은 너무 자주하면 오히려 털이 푸석푸석해집니다. 실내에서 키운다면 보름에 한 번 정도, 마당에서 키운다면 2~3개월에 한 번씩 해주는 정도가 적당할 것입니다.

집안에 식구가 하루 종일 있어서 수시로 외출이 가능하다면 강아지가 실외에서 대소변을 보는 것이 가능하지만, 낮 시간에 강아지 혼자 아파트를 지켜야 한다면, 화장실이나 다용도실, 베란다 등 중에서 '강아지 화장실'을 정해주고 철저하게 교육시켜 실수하지 않도록 합니다. 거실에서 지내면서 열려있는 화장실을 잘 이용한다면 좋습니다. 만일 실수로 거실에 응아나 쉬-를 한다면, 강아지의 생활공간을 화장실이나 다용도실, 베란다 중에서 적당한 곳으로 정하고 울타리를 쳐서 제한하는 것이 좋습니다. 가족이 집에 있을 때도 수시로 울타리에 격리시켜서 적응하게 합니다.

반려견과 함께 운동하기

사람은 빵만으로 살 수 없다

강아지도 사훈만 먹고 행복할 수 없다

건강한 신체에 건강한 정신이 깃든다는 말은

우리집 강아지에게도 유효하다

우리집 강아지가 개줄에 묶여서 단순히 집 지키는 존재라면 반려견이라는 호칭을 쓰기가 낯간지러울 것입니다. 반려견이라면 가족의 일원으로 대한다는 의미입니다. '배부른 돼지보다 배고픈 소크라테스가 되라'는 말처럼 사람도 강아지도 먹고 자고 난 다음에는 숨이 차도록 뛰어다니는 운동도 필요하고, 두뇌의 활동을 자극하는 지적인 학습과 교육도 필요한 것입니다.

집안에 반려견이 있으므로 얻을 수 있는 여러 가지 장점 중의 하나가 강아지를 산책시키기 위해서 일찍 일어나게 되고, 두 손이 없이 발만 가진 강아지를 챙겨주기 위해서 부지런해지고, 에너지가 넘치는 강아지를 위해서라도 함께 더 운동을 하게 된다는 것입니다.

강아지는 먹는 것만큼이나 야외로 나가서 뛰어노는 것을 즐깁니다. 맛있는 먹이나 간식을 주면서 강아지의 복종심을 기를 수 있고, 함께 신나게 뛰어놀면서 강아지와 깊은 애정, 우정을 쌓을 수 있습니다. 힘차게 달리면서 스트레스를 풀어버린 강아지는 집에 돌아와서는 얌전하고 침착해지며, 복종훈련을 시키면 척척~ 해내는 모범생이 될 확률이 높아집니다^^

그런데 문제는, 우리나라에서 강아지를 데리고 마음대로 뛰고 뒹굴며 놀 수 있는 공간을 찾기가 쉽지 않다는 것입니다. 아파트단지 내의 작은 공원이나 동

나는야 1급 사냥꾼

개똥 치우기보다 쉬운
강아지 길들이기

네어귀의 체육공원에도 산책하는 사람들이 많아서 우리집 강아지를 풀어놓고 맘껏 뛰어놀기가 어렵습니다. 도시외곽이거나 지방 소도시에 살아서 조금만 나가면 넓은 운동장이나 풀밭이 있다면 행운입니다. 아니면 강아지랑 차를 타고 2~30분 나가서 운동하기에 적당한 장소를 물색해 두고, 일주일에 한두 번이라도 시간을 내어 나가는 수밖에 없을 것입니다.

산책은 우리집 강아지를 위한 최소한의 운동입니다. 매일 아침저녁의 짧은 산책으로 바깥세상에 대한 호기심과 뛰어놀고 싶은 욕구를 모두 해소하지 못한다면 일주일에 한 번 정도는, 반나절 시간을 내어 강아지를 데리고 넓은 공터로 가서 마음껏 뛰어놀게 해주는 것이 어린 아이들에게 필요하듯이 자라는 강아지에게도 필요합니다.

강아지랑 함께 할 수 있는 운동으로서 국제적으로 널리 보급된 것은
원반던지기(frisbee),
장애물경기(agility),
플라이볼(flyball),
도그댄스(dog dance),
개썰매(sled dog)
등이 있습니다. 이 중에서 하나를 골라 우리집 강아지랑 호흡을 맞추면서 즐

너는 독 안에 든 쥐다

개똥 치우기보다 쉬운
강아지 길들이기

길 수 있다면, 사회성도 좋아지면서 복종훈련은 자동적으로 따라오는 부산물이며, 우리집 강아지의 IQ도 쑥~쑥~ 올라갈 것입니다.

미국이나 유럽에 비해 우리나라는 강아지와 함께 하는 스포츠들이 활성화되지 않은 초기 단계입니다. 장애물 경기장도 거의 훈련학교에나 설치되어 있지, 일반인이 쉽게 가서 쉽게 사용할 수 있는 강아지 공원은 전무하다시피 합니다만, 반려견에게 맛있고 영양가 있는 식사를 챙겨주는 것만이 애견복지의 전부가 아니고 우리집 강아지도 자기 소질에 맞는 운동을 원한다는 것을 인식하는 분들이 차차로 늘어가고 있으므로 머지않아 활성화 될 것입니다.

위 종목 중에서 개썰매, 플라이볼, 장애물경기는 장비가 필요하고 팀으로 모여서 즐기는 경기라서 혼자서 하기는 어렵지만, 도그댄스와 원반던지기는 뒷마당이나 실내에서도 조금씩 연습할 수 있는 종목입니다. (위에 나열한 'dog sports'를 숙달하는 것은 강아지 똥 치우기보다 조금 어렵습니다. 그래서 이 책에서는 다루지 않겠습니다^^; 인터넷에서 자료와 동영상들을 찾으실 수 있을 것입니다)

그냥 야외에 나가서 쉽게 즐길 수 있는 운동으로서는 **같이 달리기, 공 던져 물고오기**(강아지 눈앞에 공을 굴려주어서 물고 오면 간식을 주면서 칭찬해 줍니다. 익숙해지면 차츰 공을 던지는 거리를 늘립니다), **수영하기**(물을 좋아하는 강

66

빨리 던져주세요

99

개똥 치우기보다 쉬운
강아지 길들이기

아지도 있고 싫어하는 강아지도 있지만 대개는 조금만 연습하면 익숙하게 수영을 합니다. 처음에는 발목만 적시는 위치에서 간식을 주면서 물과 친숙해지도록 유도합니다. 강아지가 물을 겁내지 않으면 안고서 발이 닿지 않는 깊이에서 놓아줍니다. 개헤엄은 본능적으로 합니다. 밖으로 나오면 간식을 주고 칭찬해 줍니다) 등이 쉽게 할 수 있는 운동입니다.

여름휴가 때, 한적한 해수욕장에서 우리집 강아지랑 같이 해수욕도 하고, 초원을 자전거로 같이 달려보시길…!

내가 던져줄테니
잘 받아!

개똥 치우기보다 쉬운
강아지 길들이기

반려견과 함께 여행하기

휴가길에 반려견과 동행한다면…

멋진 풍경이 그려지지 않습니까…

엄두가 안나신다고요?

차근차근 준비해 봅시다^^

집 떠나면 고생이라는 말… 강아지를 데리고 떠난다면 곱으로 느낄 수도 있지만, 반대로 우리집 강아지와 함께하는 여행이라서 보람과 즐거움이 두 배가 될 수도 있답니다. 휴일 당일치기 여행이든, 휴가를 내어 삼박사일 가는 여행이든…

그러나 강아지를 무서워하거나 싫어하는 사람들도 많은 만큼 준비를 철저히 해서 떠나야 여행 중간에 마음 상하는 불상사를 예방할 수 있을 것입니다. 될 수 있으면 강아지를 싫어하는 사람들과는 마주치지 않는 것이 서로의 정신건강에 좋을 듯합니다. 강아지들도 눈치가 빠르기 때문에 누가 자기를 싫어하는 걸 느끼면 비록 말로 표현은 못하지만 유쾌하지는 않답니다.

일단 집을 떠나기 전에 강아지가 친화와 복종훈련이 완벽하게 되어있어야 합니다. 친화와 복종훈련이 제대로 안된 상태에서 여행을 하는 것은 돌발 상황에 처했을 때, 자칫 사고가 나거나 강아지를 잃어버릴 수도 있습니다.

사회성이 조금 부족하다면, 여행을 다니면서 이런저런 사람들을 많이 만나게 되고, 더러는 다른 강아지나 동물들도 보게 되면서 사회성 훈련 시간으로는 여행이 더없이 좋을 것입니다.

그리고 케이지 훈련도 되어 있으면 여행이 편합니다. 경우에 따라 잠시 차안에 강아지를 혼자 두어야 할 때, 케이지에 넣어놓고 케이지 문을 닫은 뒤 차창을

배 좀 태워주세요

흥흥흥 ^^

개똥 치우기보다 쉬운
강아지 길들이기

바람이 통하도록 조금 내려놓으면 여름휴가철이라도 안심하고 화장실을 다녀올 수 있습니다. 밤에 숙소에서도 다행히 강아지도 입장할 수 있는 펜션이라면 좋지만, 만일 강아지의 동반출입을 허락하지 않는 펜션이나 모텔이라면 강아지를 차안에 두고 필요한 만큼만 차창을 내려놓고 문을 잠가도, 평소에 케이지훈련이 잘 되어 있으면 아무런 불만 없이 강아지는 단잠을 잘 수 있습니다.

차를 타는 훈련도 여행을 앞두고 갑자기 하기보다는, 평소에 틈틈이 강아지를 차에 싣고 다녀 버릇하면 삼박사일 차 안에서 생활해도 끄떡없이 잘 지냅니다.

여행 가는 지역의 동물병원 위치와 전화번호도 미리 검색해 두고, 만일의 경우에 대비하여 단골 동물병원 수의사 선생님의 핸드폰 번호도 미리 알아두면 좋을 것입니다. 한밤중에 무슨 일이 생겼을 때, 119 당직자보다는 단골동물병원 원장선생님이 우리 강아지의 상태를 빨리 이해할 테니까요.

집에서도 꼭 필요한 것이지만, 특히 여행길에서는 **강아지 이름표**를 한 번 더 확인해야 합니다. 동네에서 산책하다 헤어지면 어찌어찌 강아지가 기억을 더듬어 집을 찾아올 수 있지만, 안면도 바닷가에서 일산의 우리 집까지 강아지가 찾아오리라고 기대하는 것은 무리입니다.

제주도나 외국으로 비행기를 타고 여행을 갈 경우에는, 미리 항공권을 예약하는 것이 좋습니다. 비행기 한 대에 실을 수 있는 강아지의 숫자가 항공사마다 다르기는 하지만 제한이 있습니다. 기내에 데리고 들어갈 수 있는 숫자가 통상 2~4마리 정도입니다. 선착순 마감이기 때문에 예약이 늦으면 비행기를 타면서부터 생이별을 해야 합니다.

미국으로 가는 여행은 광견병 주사를 맞은 지 30일이 성과했다는 증명서만 있

개똥 치우기보다 쉬운
강아지 길들이기

으면 되기에 비교적 쉬운데, 일본이나 영국, 유럽, 동남아의 섬 지역으로 여행을 갈 때는 서류신청하는 데만 몇 개월이 소요된다고 합니다. 항공사나 대사관을 통해 미리 알아보고 준비를 하셔야 합니다.

여행을 떠난다는 것은 가슴 설레는 일이지만, 며칠씩 객지에서 먹고 자고 돌아다니다 돌아올 때는 은근히 지쳐서 피곤하기 마련입니다. 멋모르고 따라나선 강아지는 더 힘들어 할 수 있습니다. 그러나 당일치기로 가까운 교외에 다닌 경험이 많으면 씩씩하게 잘 견디고, 또 가자고 조를 것입니다. 여행길을 동행하면서 같이 고생한 추억이 우리집 강아지가 늙어 죽을 때까지 뇌세포를 자극할 것입니다.

모쪼록 여행을 가며오며 또 여행지에서, 우리 강아지로 인하여 주위 사람들에게 불편을 주지 않도록 각별히 신경을 써야 합니다. 아직까지도 강아지는 마당에 묶여서 집이나 지켜야 한다고 생각하시는 분들이 우리나라 사람 열 명 중에 다섯 가까이 됩니다. 그 분들이 눈살을 찌푸리면, 내가 지나가고 나서 다음에 여행 오는 분과 강아지가 엉뚱한 욕을 먹을 수도 있습니다.

저는 저녁노을이 아침 햇살보다 좋아요

우리집 강아지가 착한 반려견으로서 행복하게 살아가기 위해서는

기본 예절교육은 꼭 필요합니다.

강아지가 사회화도 부족하고 교육이 안 된다든지 하는 경우에는,

강아지들이 입소하여 집중적으로 사회화와 예절교육을 받을 수 있는

강아지 훈련학교를 이용하는 것도 하나의 방법입니다.

일곱 번째,

강아지 훈련 학교

왜?!

왜? 우리나라가 IT강국이 되었을까…

왜? 나라에서는 국비 들여 의무교육을 실시할까…

왜? 사람도 하기 힘든 공부를 강아지에게도 시켜야 하나…

이런 질문에는 쉽게 대답하리라 생각합니다.

사람답게 살려면 배워야 한다고.

우리 할머니, 어머니의 치맛바람과 교육열이 우리나라 발전의 원동력이라고…

사람뿐만이 아니라 강아지도 배워야 대접을 받습니다.

야생의 본능을 간직하고 본능대로 행동하는 강아지는 인간사회에 적응하기가 쉽지 않습니다. 그러면 어디로 갑니까… 집을 탈출하거나 주인이 버리거나, 그래서 그런 강아지들끼리 모여서 쓰레기통을 뒤지고 결국에는 유기견 보호소로 잡혀가거나 개00 눈에 띄어 끌려갑니다.

지금 지구상에는 인류가 70억, 강아지가 20억이 살고 있다고 합니다. 그중에는 미국의 강아지보다 못한 환경에서 사는 사람들도 많이 있습니다. 우리나라 안에서도 주인 잘 만나서 사람보다 더 비싼 식사를 하며 지내는 강아지들이 있을 것입니다.

가수 이효리씨의 강아지 '순심이'처럼 유기견보호소에 갇혀있다가 좋은 주인 만나는 경우는 로또복권 맞은 경우일까요? 아닙니다. 이효리씨처럼 측은지심으로 유기견, 유기묘를 돌보시는 분들이 주위에도 많이 있습니다. 멀리 미국에서 인터넷을 보고 우리나라의 유기견을 입양하시는 분들도 있습니다. 고아수출강국의 전통을 유기견수출국으로 이어가는 것은 남세스러운 일 같습니다.

나는 미국으로 입양간대요
미국은 우리들의 천국인가요?

개똥 치우기보다 쉬운
강아지 길들이기

다른 나라도 마찬가지겠지만, 유기견이 버려지는 가장 큰 이유가 제대로 된 준비 없이 너무 쉽게 강아지를 입양한다는 것입니다. 장난감 하나 사듯이 애견샵에서 강아지 한 마리를 안고 가면서 말썽도 안 피우고 털도 안 빠지고 얌전히 앉아 있다가 부르면 달려와서 안기는, 태엽을 감을 때만 움직이는 인형처럼 존재하기를 기대하는 막연한 심리로 강아지를 입양하는 경우가 아직도 제법 많은 것입니다.

어린 강아지의 아장아장 걷는 귀여운 모습에 입양했다가 처음 한두 달은 강아지의 재롱을 보면서 만족하지만, 생후 5개월이 지나 마구마구 자라는 강아지의 몸집, 제대로 교육이 안 되어 여기저기 똥오줌을 싸는 모습, 쉬지 않고 짖어대는 강아지의 목청이 점점 커질 때, 쓸어도 닦아도 강아지 털이 날릴 때, 천방지축 뛰어다니며 아무것이나 씹어서 망가뜨리는 모습을 보면서 '이 놈을 키워야하나, 말아야하나… ?' 하는 고민을 하시는 분들이 적잖이 많습니다.

강아지는 타고난 본능대로 행동합니다. 예민한 후각과 왕성한 호기심으로 이것저것 냄새 맡기 좋아합니다. 어미나 주인이 정해주지 않으면 스스로 자신의 생활반경 내에서 가장 안전하고 쾌적한 곳에 잠자리와 쉴 곳을 정합니다. 자라면서 소변으로 찔끔찔끔 자기 영역 표시하는 습관이 생기기도 하고, 스스로 적당한 곳을 정해서 응아도 하고 쉬-도 합니다. 왕성한 식욕을 자극하는 쓰레기통을 뒤집어서 풀어헤쳐 놓고 놀기를 좋아합니다. 유치가 영구치로 바뀌는 몇 개월 동안은 잇몸이 근질거려서 만만한 것들은 마구 물어뜯으면서, 사냥감을 쫓고 물어죽이는 실습을 무의식적으로 합니다.

무엇이 저를 화나게 했을까요?

개똥 치우기보다 쉬운
강아지 길들이기

얼마 동안 기다려야 하나요

생후 12주까지의 친화기에는 세상에 대한 경계심보다 호기심이 강하게 작용을 합니다. 이 시기에 강아지의 기본 성격이 형성됩니다. 주인과의 친화도 중요하지만, 사회성 좋은 강아지로 키우려면 많은 사람들과 동물들, 사물들을 보고 듣고 냄새 맡으며 경험하게 해 주어야 합니다.

귀염을 받고 칭찬을 받는 긍정적인 경험을 많이 하게 해서 강아지의 자신감을 키워주고, 주인(리더)이 원하지 않는 행동을 하면 꾸중을 듣고 혼이 난다는 것도 깨닫게 해주어야 합니다. 다시금 강조드리지만, 동물행동학자들이 '**결정적 시기**'라고 일컫는 생후 12주까지의 시기에 기본 품성이 완성되면 그 이후에는 쉽게 바뀌지 않습니다. 생후 8주 정도에 입양하셨다면, 이후 한 달 동안은 사람을 좋아하고 사람을 무서워하지 않는 **사회화 훈련**을 충분히 해 두셔야 이후, 늘어 죽을 때까지 주인도 편하고 강아지도 편합니다!

늑대의 무리 생활에서도 주어진 역할이 있고 마음대로 행동하지 못하는 것처럼, 가정이라는 무리에서 우리집 강아지의 위치와 역할을 정해 주어야 합니다. 고양이보다 강아지의 교육이 더 쉬운 이유는 고양이는 성장하면 단독생활을 하는 습성이지만, 강아지는 무리생활을 하는 습관 때문에 본능적으로 리더의 몸짓언어에 예민하게 반응합니다.

이 정도는 식은 죽 먹기죠 뭐-

지금 뭐 하냐구요?
주인님 운동시키고 있답니다… 하하

개똥 치우기보다 쉬운
강아지 길들이기

생후 12주까지 강아지의 사회화 과정을 교육하셨다면 다음으로 우리집 강아지의 '기본예절 교육'이 필요합니다. 사람들도 '평생 학습'이란 말처럼 학교를 졸업하고도 공부를 하듯이 강아지도 매일 5~10분씩 새로운 것들을 배우거나 배운 것을 복습하는 시간을 가지면 좋습니다. 적당한 두뇌 활동, 육체적 활동은 사람뿐만 아니라 강아지에게도 밥상의 반찬처럼 중요합니다.

그리고 우리가 청소년기에 집중적으로 학교에서 교육을 받듯이 강아지도 나쁜 버릇이 생겨서 몸에 배기 전, 어린 시절에 집중적인 기본예절 교육기간을 정하여 **강아지 예절**을 배워두는 것이 행복한 반려견으로 살아가는데 꼭 필요합니다. 버릇없는 강아지는 주인 이외의 누구에게도 환영받지 못합니다. 그리고 나쁜 버릇이 심해지면 주인에게도 부담이 가중되면서 자칫하면 유기견으로 버려질 확률이 높아집니다. 이렇게 나쁜 버릇 때문에 버려진 강아지는 보호소에서 다행히 입양이 된다고 하더라도 새로운 주인에게도 버거운 존재가 되기 쉽고 사람을 문다든지, 심하게 짖는다든지, 대소변을 못 가린다든지 하는 그 나쁜 버릇 때문에 파양되기도 쉬운 실정입니다.

기 시간끼끼끼 우릴 쳐다보고 있네요
의젓하게 견공의 품격을 보여줍시다

개똥 치우기보다 쉬운
강아지 길들이기

물 한 잔 주고
요로콤 회의를 길게 한다냐

교육기간은 우리집 강아지를 어느 수준의 반려견으로 만들고자 하는 지에 따라서 달라질 것입니다. 강아지를 누가 교육시키는 지, 강아지의 성품이 어떤 지에 따라서도 달라집니다. 기본적으로 가장 좋은 것은 주인이 직접 교육을 시키는 것입니다. 이 책은 그러한 목적에서 도움이 되고자, 강아지 학교에서 교육시키는 내용을 농축해서 설명했습니다.

우리집 강아지가 훌륭한 반려견으로서, 이웃사람들이나 이웃강아지들에게 말썽을 피우지 않고 잘 어울리면서 칭찬받는 강아지가 되기 위한 최소한의 강아지 예절이 무엇인지, 또 강아지 입장에서는 어떻게 받아들이는지를 이해하면서 교육을 하신다면 효과적으로 우리집 강아지를 영리하고 착한 모범생으로 키울 수 있을 것입니다.

그러나 강아지를 키워본 경험이 적어서 적용이 어렵다든지, 집안에 사람이 없고 강아지 혼자 있는 시간이 많아서 사회화도 부족하고 교육이 안 된다든지 하는 경우에는, 강아지들이 입소하여 집중적으로 사회화와 예절교육을 받을 수 있는 강아지 훈련학교를 이용하는 것도 하나의 방법입니다.

집에서 직접 훈련을 하든, 훈련학교에 입학시켜서 교육을 하든 우리집 강아지가 착한 반려견으로서 행복하게 살아가기 위해서는 기본 예절교육은 꼭 필요합니다. 가능하면 어릴 때 시작하는 것이 교육도 쉽고 시간도 적게 걸립니다. 강아지가 컸다고 해서 교육이 불가능한 것은 아닙니다만 그만큼 시간이 많이 걸리고, 행여 심하게 짖는다든지 사람에게 공격적이라든지 하는 나쁜 습관이 생겼으면 더욱 오랜 교정시간이 필요합니다.

옛적 우리네 할머님들은 "애들은 알아서 큰다"라는 말씀을 하셨습니다. 오남매, 육남매의 형제들을 먹여 살리기 위하여 힘든 농사일에 하루 종일 매달리셔야 하셨기에 어쩔 수 없는 합리화이기도 하셨을 터이지요. 그 적에는 강아지들도 알아서 컸습니다. 그러나 지금은 사람도 강아지도 기본교육을 제대로 받지 못하면 생명으로서의 존엄성을 제대로 대접받기 어려운 세상 환경입니다. 귀한 인연으로 우리집 식구가 된 강아지가 말썽꾸러기 사고뭉치가 아니라, 얌전하고 똑똑하고 의젓한 반려견이 되도록 백 일 동안만 우리 강아지에게 시간을 투자하여 교육을 시켜 주시길…!

대체적으로 봤을 때, 100일 정도면 기본적인 수준의 '강아지 예절 교육'을 완료할 수 있습니다. 훈련학교에서는 처음 보름 정도를 강아지와 훈련사와의 친화기간으로 상정하기에 통상적으로 교육기간을 4개월로 봅니다.

백일 치성이 곰을 사람으로 만들어 준다는 단군신화의 멋진 신화처럼 백일 동안 열심히 우리집 강아지와 함께 공부한 보람은 특별하고 소중한 추억으로 자리매김할 것입니다. 착하고 행복한 우리집 강아지와 함께.

개똥 치우기보다 쉬운
강아지 길들이기

내 귀는 아직 열리지 않았지만 당신의 숨소리를 듣습니다
내 눈은 아직 열리지 않았지만 당신의 미소를 봅니다
내 코는 엄마 젖내음 같은 당신의 체취를 기억합니다

여덟 번째,

번견과
애완견과
반려견

주인을 누구를 만나느냐에 따라서

마냥 줄에 묶여서 마당을 지켜야하는 번견으로 살아가기도 하고,

이쁘게 치장하고 맛난 간식만 챙겨먹는

애완견으로 꾸며져서 공주님처럼 살아가기도 하고,

가족의 막내로서 어울려

같이 먹고 같이 자고 같이 노는 반려견으로 살아가기도 합니다.

누가 더 행복할까요?

우리집 강아지는 누구인가요?

강아지는 생명이다

나도 생명이다

생명과 생명으로서

우리집 강아지와 나의 무게는 똑같다

그러나 우리가 눈으로 보는 이 세계에서

우리집 강아지는 내가 보호하고 지켜주어야

비로소 생명의 무게만큼 대접받을 것이다

번견이란 말 요즈음은 잘 안 씁니다. 불과 100년 전만 하더라도 강아지의 99% 는 번견이었습니다. 사실 빈한한 살림에 굳이 지킬 것도 없는 집이 대부분이고, 그래서 보신탕용으로 키우는 강아지들도 더러는 있었겠지만 오늘날처럼 철제닭 장 같은 시설에 수백 마리씩 가둬놓고 밀집해서 사육당하는 강아지는 없었다고 봅니다. 어려서 예방주사도 못 맞고(강아지는커녕 사람 아기도 예방주사 맞기가 힘든 시절이었겠지요!) 피부병이 걸리거나 다리가 부러져도 치료받을 동물병원 도 나라를 통틀어 몇 개 없었을 터이고, 강아지 사료공장도 없었으니 당연히 먹 는 것은 사람들이 먹다 남긴 음식 찌꺼기였지만 그래도 어쩌면 그 시절의 집 마 당을 차지한 강아지들이 요즈음의 아파트에 갇혀 사는 강아지들보다 자유롭고 행복한 면도 있었다고 봅니다.

사람의 관점에서는 당연히 좋은 집과 좋은 옷과 좋은 음식이 구비된 현대의 생활환경이 옛날보다 진화되었다고 하겠지만, 강아지의 눈으로 볼 때는 깨끗하 고 폭신한 개집에서 잠자고, 위생적인 사료를 먹고, 일주일에 한 번씩 뽀송뽀송 하게 목욕을 하는 생활보다도, 열린 대문을 나서면 언제든지 마을 강아지들과 어울려 놀 수 있고, 무리지어 온 마을과 뒷산을 휘젓고 다닐 수 있었던 그 시절 이 강아지의 동물적 본성에 더 쾌적한 생활환경이었을 것입니다. 그러나 좋든 싫든 옛날은 사라져버린 과거이고 현재에 충실하게 살아가야 합니다, 사람도 강 아지도.

내 고향은 시베리아 대평원입니다
나는 지금 고향 하늘을 봅니다

요즘은 번견과 애완견과 반려견이 혼재해서 살아가는 시대입니다. 똑같은 어미 뱃속에서 나온 형제인데, 주인을 누구를 만나느냐에 따라서 마냥 줄에 묶여서 마당을 지켜야하는 번견으로 살아가기도 하고, 이쁘게 치장하고 맛난 간식만 챙겨먹는 애완견으로 꾸며져서 공주님처럼 살아가기도 하고, 가족의 막내로서 어울려 같이 먹고 같이 자고 같이 노는 반려견으로 살아가기도 합니다. 누가 더 행복할까요?

그런데 그 결정을 강아지가 못합니다. 강아지의 운명이지만, 강아지가 하는 것이 아니라 그 주인이 합니다. 부조리일 수도 있지만 현실이 그렇습니다. 같은 반려동물이라도 고양이는 조금 다릅니다. 주인이 마음에 안 들면 어찌 목줄이 풀린 틈에 독립해 버립니다. 야생으로 돌아가 사냥하고 번식하며 살아가는 모습

당신이 누구인지 모릅니다
그러나
저 그릇의 비워진 눈금만큼
나의 오늘 하루는 따뜻할 것입니다

개똥 치우기보다 쉬운
강아지 길들이기

당신은 하루에 몇 번 제 생각을 하시나요?
저는 하루종일 당신을 기다립니다

이 나름으로 자연스럽기도 합니다. 사람하고 사는 것이 편하면 사람집에 눌러앉아 있고, 불편하면 슬그머니 나가서 안 돌아옵니다.

그런 고양이의 야생성을 없애기 위하여 꼬리를 자르기도 하고, 수염을 깎아버리기도 합니다. 도망갈까 봐 하루 종일 줄로 묶어놓기도 합니다. 어쩌거나 고양이도 가축화된 동물이라 사람의 손아귀를 완전히 벗어나기는 어렵습니다. 그래도 수천 년을 사람의 손에서 밥을 얻어 먹으면서도 고양이는 반쯤은 독립성을 간직하고 있습니다.

반면에 강아지는 완전히 늑대무리의 야성을 포기하고 사람에게 거의 절대적으로 귀의하였습니다. 생후 일 년이면 자기를 낳아준 어미개도 남 보듯 하지만, 자기 주인에게는 늙어죽을 때까지 어린 강아지처럼 재롱을 부립니다. 자기의 운명을 온전히 주인에게 맡긴 것입니다.

사람 사는 세상에서 사람들의 규율에 맞추어 만 년 이상을 살아오면서 강아지들은 사람의 몸짓과 마음을 읽어내는 능력이 다른 동물에 비하여 놀라울 정도로 발전해 왔습니다. 주인의 행복이 나의 행복이라는 동일시하는 능력이 점점 강화되어 이제는 사냥본능보다도 더 표면적으로 강아지의 의식세계를 지배합니다. 즉, 주인과 함께 있는 자체로 강아지는 행복할 수 있는 존재입니다. 그러다보니 자신의 반려견과 깊은 정서적 공감대가 형성된 주인은 거꾸로 강아지에게 동화되어 강아지의 행복이 나의 행복이라고 느끼시는 분들도 많은 현실입니다.

옛날 할머님들이 손주 보고 "아이구, 내 강아지!" 하셨던 말씀으로 비추어보아, 반려견이라는 말이 생긴 것은 얼마 되지 않았지만 반려견이라는 의식은 오래전부터 사람들의 의식 속에 자리 잡아 왔던 것 같습니다. 그러나 요즈음에도 강아지를 보고 "우리 아들", "우리 딸" 하고 말씀하시는 분들에 반하여, '개새끼'를 사람취급 한다고 벌컥 화를 내시는 분들도 많습니다. 사물을 보는 가치관의 차이입니다. 꼭 누가 옳고 그르다고 분별하기 어려운 문제입니다.

사람끼리의 문제는 그렇지만 강아지는 그렇지 않습니다. 강아지는 온전히 주인에게 모든 것을 맡기고 의지합니다. 우리의 사람 자식은 크면 독립하지만, 강아지는 죽을 때까지 주인을 따르고 의지합니다. 우리는 우리집 강아지의 생사여탈권을 쥐고 있는 것입니다. (점차 동물의 생존권에 대한 인식이 생기면서, 주인이 주인의 역할을 못할 때, 주인의 권리를 박탈하는 법을 제정하는 나라들이 하나 둘 늘어가고 있는 추세입니다만 우리나라는 아직까지 아닙니다) 그래서 우리집 강아지에게 대한 '**무한책임**'이 따르는 것입니다.

시골여행 간 서울의 하룻강아지들

이러한 무한책임에 대한 의식을 무겁게 가지고 우리집 강아지를 대해야 할 것입니다. 세상 모든 사람들이 올바르게 법에 보장된 인권의 보호를 받는 세상도 아직 요원한데 강아지의 생명에 대한 권리를 이야기하기는 사치스러울 수도 있으나, 적어도 내 손에 자기의 운명을 맡긴 우리집 강아지만큼은 '나의 최선'을 다해서 보호하겠다는 마음가짐이 진정한 **'반려견의 동반자'**로서 요구된다고 생각합니다.

보릿고개란 말이 살아있던 시절, '잘 살아보세!'란 구호와 함께, 인간답게 살기 위해서는 '산아 제한'이 필요하다고 정부에서 "아들, 딸 구별 말고 둘만 낳아 잘 기르자"란 표어로 온 나라의 TV와 신문과 교과서를 도배하면서 의식화를 한 결과로 1070년대부터 4인 가족 이하의 핵가족이 우리나라 사회의 주류가 되면서, 우리나라의 교육열도 높아지고 생활수준도 높아지고 배고픔의 고통에서 벗어났습니다.

한 세대 전, 우리나라의 성공사례를 강아지들의 생명권과 복지를 위하여 전 세계의 '강아지를 사랑하는 사람들'이 공감하고 강력한 실천이 따라야 한다고 봅니다. 이 세상에 강아지의 탈을 쓰고 태어나는 존재들이 제대로 대접받기 위해서는 강아지의 숫자를 조절해야 한다는 것은 '강아지족의 복지를 고민하는 사람'이면 누구나 공감하는 내용입니다.

꼬마야 네가 부럽구나
인간을 닮은 조물주가 목줄 하나로 나를 지배한다는 것을 모를 때는
나도 너처럼 당당하고 멋진 생명이었단다

인구대국 중국에서, 한정된 자원으로 인민들이 먹고사는 문제를 해결하고자 '한 자녀 갖기 운동'을 오랫동안 전개하여 '인구 폭발'을 어느 정도 성공적으로 통제한 것도 타산지석으로 삼아야 합니다. '전 세계의 강아지를 사랑하는 사람들의 연합체'를 지향하되, 현실적으로 시간이 요원한 문제이므로 당장, 내 손 안에 있는 우리집 강아지부터 꼭 필요하고, 종자가 우수한 종견이나 모견이 아니라면 함부로 새끼를 낳지 않도록 조절하는 것이 내가 쉽게 실천할 수 있는 일입니다.

수요에 비해 공급이 넘쳐나는 지금의 현실에서, 너무나 쉽고 값싸게 강아지를 분양하여 키울 수 있는 만큼 강아지의 교육이나 복지에 대하여 무신경하게 되고 (전통적인 태도이긴 하지만, 강아지족의 복지를 위해서는 바뀌어야 한다고 봅니다) 청소년기, 사춘기를 아무런 사회화나 예절 교육을 못 받고 묶여만 있다가 성견이 되어서, 제대로 친화도 못한 주인이 강아지의 스트레스나 나쁜 버릇을 감당하지 못하면 낡은 인형 쓰레기통에 버리듯이 쉽게 강아지를 유기하는 현상이 우리나라뿐만 아니라 전 세계적으로 나타나는 현실일 것입니다.

내 강아지가 이쁘고 귀한만큼 다른 강아지의 생명도 귀한 것입니다. 45억년의 지구 역사 중에서 인류의 직계 조상이 아프리카에서 세계정복의 발걸음을 떼기 시작한 것은 불과 20만 년 전이라고 합니다. 20만년의 인류 역사에서 모든 인간

개똥 치우기보다 쉬운
강아지 길들이기

이 너머에 무엇이 있는지 우리는 모릅니다
그러나
하루 종일 머물기에는 여기가 너무 좁습니다

주인님 집안 양지바른 무덤자리 한 모퉁이
제 몸무게 만큼의 흙덩이를 밀어올리고
당당히 한자리 차지하였습니다

··· 고맙습니다 ···

개똥 치우기보다 쉬운
강아지 길들이기

은 평등하다는 인권 사상, 여성의 권리, 아동의 권리, 장애인의 권리를 존중하기 시작한 역사는 불과 100년 남짓으로 짧은 시간이었습니다.

아직까지도 보편적 인간의 생존권마저 제대로 인정받지 못하고 사는 사람들도 적지 않은 현실입니다. 그러나 노예 해방, 여성 해방이라는 짧지만 급격한 변화의 연장선으로 유추해보면, 보편적 생명으로서의 동물권, 생명권이 존중받아야 한다는 생각이 유럽을 중심으로 일본, 한국에까지 서서히 인정받고 있습니다.

우리가 식용으로 먹는 동물들도 생명으로서의 존재에 대한 대접을 받아야 한다는 명제가 앞으로 인류가 풀어야 할 새로운 숙제로 대두되고 있습니다. 육식을 좋아하는 대다수의 사람들은 무의식적으로 외면해 온 문제이겠지만, 우리집 강아지의 생명의 무게를 나 자신의 생명의 '**생명의 무게**'만큼 무겁게 느끼는 바로 그 순간부터 같이 고민해 보야야 한다고 봅니다. 우리집 강아지가 온전히 생명 그 자체로서 나에게 대접받는 만큼 다른 사람들에게 대접받기를 원한다면 나도 다른 생명들을 그렇게 대접해야한다는 것을…

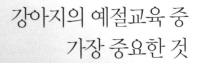

강아지의 예절교육 중
가장 중요한 것

1. "이리와~" 하면 즉시 주인에게 오는 것

2. "안돼~" 하면 즉시 멈추는 것

3. 사람들에게 으르릉 거리거나 덤비지 않는 것

“
다정한 엄마에게 태어나서
”

무럭무럭 형제들과 자라나고

재미있게 놀기도 하는

너무도 즐거운 나날들이었지만,

난 항상 누군가를 기다리고 있었어요.

그러던 어느날
드디어 당신을 만났어요

당신은 내가 모르는
세상의 신비함을
알려주었고,

나에게 줄 수 있는
모든 사랑을
베풀었지요.

> 당신을 기다리는 나에게
> 당신은 고독함이 무엇인지 알려주었고,

그리고 당신과 함께 한다는
기쁨을 내게 알려주었죠.

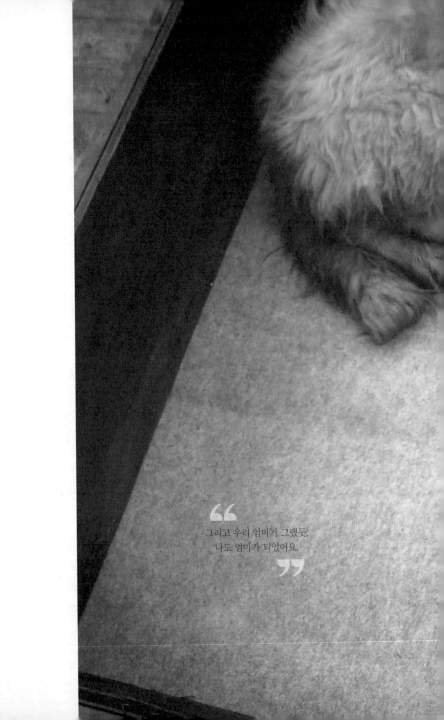

그리고 우리 엄마가 그랬듯,
나도 엄마가 되었어요.

언젠가

당신의 걸음걸이보다

뒤쳐지는 날도

올테지만

이것만큼은 기억해 주세요.

나의 일생은 당신과 함께 했기에
행복했다는 것을…